U0098432

我要藉這個機會感謝

我的大姊林幸珠、二姊林幸美、婆婆 Bassima AL-ghoussein 及姑姑 Mutiea AL-huneidi、阿姨 Assoum EL-hussein，有她們的教導才有這本阿拉伯菜食譜的出版，

感恩。

另外，特別要謝謝台灣駐印尼副代表李朝成及夫人吳鶯煦他們一路鼓勵、潤筆與支持。

推薦序

透過獨特的飲食經驗
領悟異國文化

在漫長的人生旅程，所謂「經歷」包括人、地、事、物及種種特殊境遇，人到中晚年，偶爾對往事入神回憶，就會覺得人生之奇妙無比，無法用科學解析印證的，我們姑且都稱之為因緣際會或緣份吧！

我和內人郭美惠結識作者林幸香女士，亦算是一種不期而遇之緣！地點是在英國倫敦，時間是 2002 年中，亦正是我奉派駐英國代表的第一年，幸香邀請我們到她府上餐敘。我們第一次嚐到色香味俱全的豐富中東佳餚，以後凡是接到幸香的邀宴，我們都是充滿期待，每次品嚐她精心烹調的回教世界口味，總是盡興而歸。讓我在駐英的回憶中，多一分難忘。

我們非常高興，幸香終於搬回台北長居了。如同我這一代的許多台灣人一樣，年輕時出國，終究還是盼望安然回到自己熟悉又喜愛的故鄉，俗稱落葉歸根。她回台之後，決定把她精通的中東菜編著成書，讓台灣人共享，這是一種貢獻。

我和內人之所以珍惜幸香這份友誼，乃是我們把這視為一種緣份。她是一位純真的人，祖父是台中霧峰鼎鼎大名的林獻堂先生。林獻堂是日據時代後期台灣的仕紳，是一位具有本土意識的聞人。以血緣言之，幸香確是出身中台灣的名門望族。人生就是這麼奇妙，她在赴日本求學期間竟結識了一位科威特大使的兒子，與他結婚，隨之在中東整整居住 7 年。於是，本來就喜愛烹飪的她，就地學做中東菜，到倫敦時，讓我們得以因緣際會享受到回教世界的飲食風味。

中東地區對大部分台灣人而言，既是陌生又充滿神秘的色彩。但就全球格局而言，它是一個非常具有戰略性的區塊，蘊藏石油，成為列強爭奪之地。所謂「中東」主要是指歐洲與南亞之間的整個回教世界（以色列除外），廣義言之，應包括近東的伊朗及阿富汗，甚至東北非洲的埃及等，居民以阿拉伯族群為主，但亦有其他民族如伊朗的波斯人、以色列的猶太人、土耳其人，及介乎伊拉克、伊朗與土耳其之間的庫德族 Kurds。他們之間共同信奉回教，分屬不同教派。回教徒或稱穆斯林 Muslims 不吃豬肉，以星期五為安息日，作為家族聚餐的普遍習俗。據說，在許多中東國家，回教徒習慣在家中用餐，甚至宴客，不像華人或日本人慣以公共餐館作為社交飲食場所，外食習慣與中東確有差異。幸香很謙虛地說，她只做家常菜，其實她提供的食譜是可登大雅之堂的。

台北以美食聞名於世，各國名菜遍佈大街小巷，光是台菜或所謂中國各省的地方風味就不勝其數，卻獨缺中東回民的飲食文化。幸香女士這本食譜正可彌補這方面之不足，讓愛好不同餐飲文化的人士，可以在家中或聚會時藉機品嚐，也許我們可從這獨特的飲食經驗中多一份對中東回教世界的領悟。

我家中有兩位善於烹飪的女人；內人郭美惠是其一，但她老早從廚房退伍了。我們住在美國華府的女兒文玲（Wendy），用自己的網站教人做菜 — 大多是各種西方的美食。可是台美兩地相隔，我亦難得有機會品嚐她的佳作，可看（在網路上）卻吃不到。很期待隨著幸香食譜出爐，今後有更多機會吃中東菜，藉此提醒慷慨大方的幸香女士，不忘常常請她的朋友當她的食客。

謹此作序，並鄭重推薦。

國策研究院院長兼董事長

田弘茂（前外交部長）　田弘茂

二〇一二年四月十八日於台北

推薦序

我懷念的幸香廚房

我懷念幸香的廚房和她的食物。這麼說，好像有點本末倒置。因為，我該以朋友優先，然後才是她做的美食。可是，如果你也有一個像我這樣不與主人合作的胃，一定了解，我為什麼非得先想到食物不可，尤其是思緒無法阻擋的美食。

在倫敦這些年來，到幸香位於牛津街旁鬧中取靜的家中「小吃一頓」，是令我覺得最心滿意足的事情之一。她家的廚房，像個魔術盒子，每次都不知道這個手藝精巧的女主人，會變出什麼人間美味。

幸香的廚房，是個跨越國度和想像的地方。從中餐西點到東洋風阿拉伯味，沒有什麼是不可能的，但往往卻都是在倫敦其他地方吃不到，用錢在最高檔的餐廳裡也買不到的巧食。

幸香的美食，沒有不讓我食指大動的。她的牛肉麵，以清燉雞湯做底，配以上好牛腱，被我喻為是「全倫敦最好吃的牛肉麵」。我說到她家「小吃」，經常就是「單點」牛肉麵。但以幸香的好客與做菜手筆，「小吃」加「單點」，往往就是一整桌的各式菜色佳餚。

即使只是路過，臨時到她家小坐喝杯茶，幸香也可以變出「魔術」：加了玫瑰水的奶酪、夾著核桃的中東黑棗，配上一杯現煮的薄荷茶，還有一些杏子之類的乾果，令人覺得真是享受呀！

幸香總是面帶微笑的看著吃得滿心歡喜的客人；她也從不吝把製作方式告訴朋友，其中有許多是她自己的創意。久而久之，大家不約而同的要求她，「寫個食譜吧」。

幸香出身台灣世家，後嫁入中東外交名門，與阿拉伯皇親貴族往來，卻始終謙恭含蓄。她的這本食譜，從倫敦寫到台北，與她製作美食的過程類似，巧思無處不在。這本書，是一本小火慢燉出來的精巧作品。

中國時報駐歐洲特派員
江靜玲

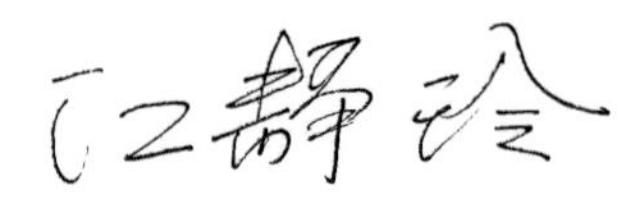

推薦序

開了味蕾也開了眼界

林幸香是台中霧峰林家的後代，自小即聰明活潑，好奇心強又有藝術天份。她跟她大姊及奶媽學了一手台菜料理，又老遠跑到 Kuwait （科威特）這個中東國家，夏天比台灣還炎熱又有沙塵暴，真厲害，竟然一住就是 7 年。她不但沒有被氣候打敗，反而學了一手中東料理。

Kuwait 是國家也是首都的名稱，東邊臨 Persian Gulf 是一個深海港，與印度及歐洲的香料貿易最有名。中東、南亞及 Arab 料理，香料是重要的料理材料。之前，我對中東料理不曾吃過也不了解，但是自從吃了幸香的中東料理以後，才知道它是人間美味，既好吃又健康。

幸香的中東料理不用再製品，料理材料新鮮，在台灣都可以買得到，並且教你到哪裡採購。她的食譜很容易了解，看了以後就可以動手去做菜。特別是她的沙拉料理，很適合台灣的氣候與口味，如蝦仁沙拉、番茄沙拉、彩椒沙拉、雪蓮子豆沙拉等。喜歡吃蔬菜的可以嘗試燜蔬菜、四季豆燉番茄、番茄燉秋葵等。回教人是不吃豬肉的，但是吃羊、雞及牛肉，尤其是羊肉較普遍。幸香的羊肉中東料理有烤羊肩排、中東式秋葵燉羊肉、洋蔥燉羊肉等，她的烤羊肩排是我吃過最好吃的。

這本中東料理有 60 道菜的食譜，適合各種口味的食客。對喜歡異國風味料理的人，這是一本值得收藏並擁有的一本食譜。自從吃過幸香的中東料理後，不但我的味蕾大開，也打開了我對中東的眼界。

藝術家

鄭自才 鄭自才

自序

我的美味人生

我在 1972 年到日本學服裝設計。後來嫁到了科威特，在那個人地生不熟的地方待了 7 年。記得第一個小孩剛出生，有小孩與家庭要照顧，本業服裝設計根本無用武之地。小孩成長需要營養，我每天絞盡腦汁想著如何變化花樣煮些好吃、營養又健康的食物給他們吃。他們不喜歡吃蔬菜，我就把蔬菜和肉和在一起，捏成肉丸子，再將義大利番茄醬混合各類已絞碎的蔬菜一起煮，再與肉丸子一起燉煮，盛盤上桌哄著小孩吃，如此一來，他們不僅愛吃，同時也吃到了洋蔥、紅蘿蔔、西洋芹與櫛瓜等蔬菜。

我本來就喜歡做菜，為了滿足這項興趣，從 13 歲起我就會無師自通地從報紙上收集相關食譜，裁剪成自己專屬的筆記。

我們幾個姊弟在爸爸過世後是大姊照顧長大的。所謂長姊如母，大姊很早就開始訓練我們在廚房幫忙。我們會跟著她到菜市場打轉，菜買回來後還要幫著洗切，就是這種訓練，更加深了我對做菜的興趣。婚後定居科威特，家庭主婦的身分讓我必須打理一日三餐，那時想著，既然無法從事服裝設計，能夠餵飽家人，讓大家吃得高興也是挺不錯的，從此將所有的熱情投注在做菜上面，廚藝越來越精進，做菜的興趣也就更高昂了！

Kuwait（科威特）對我來說是一個很陌生的國家，語言、風俗習慣、環境都不一樣。剛開始的時候可說是度日如年，一天 24 小時對我來說就像 48 小時那般漫長。到了第三年我考上了駕照，情況丕變，緊張忙碌的生活，讓我的一天變得窘迫非常，好像一天只有 10 小時可用，隨時都像在打仗似的。早上我先送小孩上學，之後趕到甜點舖子買伴手禮，接著就趕到姑姑或是阿姨家，我在旁邊一邊觀摩著他們做飯的技巧，一邊勤做著筆記（所謂做筆記也只是記材料與作法，不知它的量是多少，因為姑姑與阿姨都是用眼睛與感覺做菜）。離開後，我就會跑到超市採買剛剛學到菜色所需的材料，回家揣摩著做午餐。到了下午 1 點半，我到學校接回小孩（這時他們已經吃過了一份小三明治）。差不多 3 點左右，當先生回家後，我們再一起共享豐盛午餐。晚餐就吃得簡單了，大概是水果和三明治就打發了一餐。

由於每天都變化不同的菜色，那段時間我煮菜是越煮越來勁。一直以來，我都是憑著眼睛與感覺做菜，所以在寫這本食譜時很不習慣，做菜是一種藝術，好像畫畫一樣，要敢嚐試不同顏料所搭配出來的顏色，要敢嚐試用不同的香料。香料多與少，也是決定它與食物之間是否和諧、口感好不好的因素，憑感覺常常會創造出乎意料的菜餚來。

我的公公 TALAT AL-Ghoussein 擔任科威特大使，常常奉派駐各個國家。他每隔幾個月都必須返回科威特述職，並當面向國王 Amin Jaber AL-Sabah 報告駐在地輿情。在一個非常偶然的情形下，公公得知國王喜歡品嚐中國菜，就向國王提出邀宴。他說：「是否讓我的台灣媳婦為您做一些中菜嚐嚐」！

我一共做了 3 次菜宴請科威特國王。國王品嚐過後，非常滿意，在第二次與第三次宴會後，賞賜我珍貴珠寶。這對我是很大的激勵，從此以後，我做菜信心大增，益加堅定了往烹飪方面進修的興致。

1987 年我遷居加拿大，在此期間我又學習了北美洲的料理。

1991 年，公公退休後定居英國倫敦，我們也跟著搬到了倫敦。英國親戚多，婆婆時常需要宴客，每道菜的份量都不少，多達 20 ～ 30 人食用。我因此也習慣了份量大的菜餚。每次請客，來客總會促狹地說:「妳是煮給軍隊吃的嗎？」「 哈！哈 ！哈！」 我都是這麼笑著回答：「習慣了煮大份量，後來又煮小份量反而覺得彆扭。」

1999 年，因外曾祖母生病（她 80 多歲了），公婆為了照顧她老人家，舉家搬往突尼西亞，我們和孩子留在英國。這時，3 個孩子都長大了，剛巧又碰上 911 事件，我所屬的慈濟功德會需要募款，我因此走出家庭，加入僑界活動，認識了台灣代表處與僑界人士，也開始在英國僑教中心教導台灣婦聯會的姊妹們料理中東菜。在這些姊妹們的鼓勵下，我邀請了台灣駐英代表到家裡餐敘，比如鄭文華代表夫婦、田宏茂代表夫婦、林俊義代表與張小月代表。有了他們的鼓勵與支持，及諸多姊妹們的鼓吹（他們總是遊說我：妳不開餐廳，就出本食譜好了！），讓我有了書寫的動機，今天也才有這本食譜的出版問世！

這本書中的菜餚都是我在中東生活時的回憶，除了傳統材料與作法之外，也有我自己的烹飪心得，包含我回到台灣後，如何應用台灣的當地食材與台灣人習慣的口味將配方稍微改良。中東料理對很多人來說很陌生，但是實際上卻不難做，希望這本書能帶給讀者不同的飲食樂趣。

Ingredients & Spices
常見食材 & 香料

棗子 Date

又稱椰棗，是中東地區常見植物，和中東人生活息息相關，樹幹、樹葉、果實都廣泛應用在中東人的生活中。曬乾的棗子可以入菜甚至當零食，更是齋月時期不可缺少的食物。富含纖維質和維生素，具有相當高的營養價值。

時蘿子 Dill Seed

產於歐洲地中海地區，帶有溫和的香氣，時蘿子經常應用於魚類料理和蔬菜料理中。

黃櫨 Sumac

取自於漆樹果實磨成的粉末，顏色略帶深紅，是一種味道微酸的香料，用於中東料理與地中海料理，特別是可以用來炒肉與拌沙拉。

匈牙利辣椒粉 Parprika

紅椒粉是香料的一種，由紅色甜椒風乾磨碎製成，廣泛應用於西班牙與匈牙利菜餚烹調中。

咖哩粉 Curry Powder

咖哩粉由多種香料混合而成，是非常常見的中東香料，風味濃烈，略帶辛辣感。

鬱金香粉 Turmeric Powder

又稱薑黃粉，廣泛應用於東南亞、印度與中東料理中，是非常普遍的香料。味道芳香且帶有薑的香氣，吃起來有辛辣感。

山葵粉
Horseradish Powder

又稱辣根粉，從山葵的根部或是種子製作而成，味道嗆辣，風味清新。也可做成醬料廣泛使用。

孜然粉 Cumin Powder

又稱小茴香粉，是歷史悠久的肉類調味料與餡料材料，除了中東料理之外，歐洲也常用於魚類烹調，印度則用於咖哩香料，更常見於東南亞料理中。香味醇厚，性溫，有驅寒理氣之效。

番紅花 Saffron

號稱「香料女王」，是全世界價格最昂貴的香料之一，原產於地中海與中亞地區，是中東料理與地中海料理經常應用的香料，為料理增添美麗的顏色，最常見的料理就是番紅花飯和西班牙海鮮飯。

咖哩葉 Curry Leaves

又稱香葉，經常用於湯類和燉肉，可以增添風味與香氣，除了中東料理，也經常可見於南洋料理與印度料理，新鮮咖哩葉與乾燥咖哩葉都可使用。

鷹嘴豆 Chickpea

又稱雪蓮子豆，是常見的中東料理食材，除了豆子可以燉肉和作成沙拉之外，也常製作成豆泥，搭配各式食物。

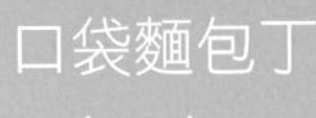

口袋麵包丁
Pitabread

中東常見主食口袋麵包，將麵包切丁後入烤箱烤脆，用於沙拉中，也可當作零食。

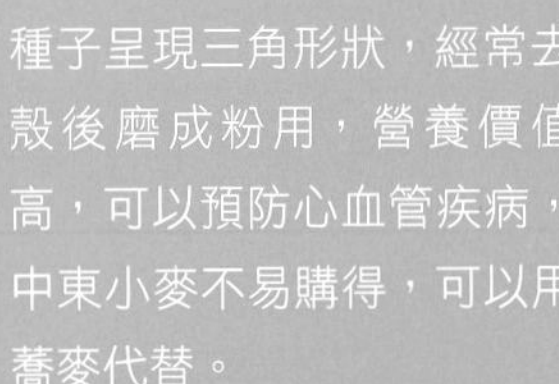

蕎麥 Buck Wheat

種子呈現三角形狀，經常去殼後磨成粉用，營養價值高，可以預防心血管疾病，中東小麥不易購得，可以用蕎麥代替。

肉桂粉
Cinnamon Powder

具有獨特香氣，大量用於烘焙甜點，也用於肉類料理或湯品。

凱麗茴香 Caraway Seed

產於歐洲，顏色較茴香深，帶有水果清香的氣味，常和各式香料一起調製醬料，用於海鮮與肉類料理，也適合用於輕食沙拉與麵包中。

荳蔻 Cardamon

荳蔻粉 Cardamon Powder

又稱小荳蔻或綠荳蔻，自古即為印度料理所使用，有特殊的香氣與風味。在中東料理中，經常用於燉肉或是咖啡，也應用於精油或煙草。

黑荳蔻 Black Cardamon

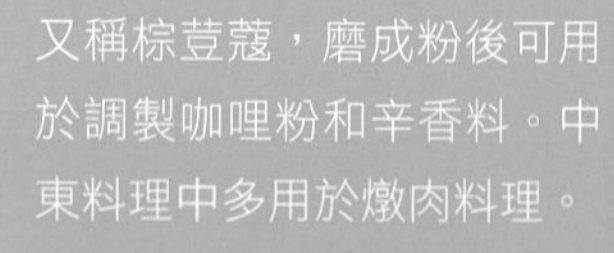

又稱棕荳蔻，磨成粉後可用於調製咖哩粉和辛香料。中東料理中多用於燉肉料理。

肉荳蔻 Nutmeg

又稱荳蔻，原產於印尼，應用於香料以及藥用，香氣強烈，除了中東料理，也是印度料理和東南亞料理常見的調味香料，適合肉類和烘焙。

乾辣椒

Chilli flakes

中東料理中用於燉肉的食材，有特殊的風味與香氣。

乾檸檬（整顆）

Dried lemon

具有獨特香氣，大部份用在肉類料理與湯裡。

檸檬葉

Dried Lemon Leaf

和乾檸檬一樣，是中東料理中常見用來增添風味的食材，味道較新鮮檸檬濃郁。

薄荷葉（乾）

Dried Mint

不論是新鮮薄荷或是乾薄荷，都是中東料理很常出現的食材，大量用於沙拉、飲品、燉肉和點心。

月桂葉 Bay Leaf

味道辛辣、氣味濃烈，常用於中東料理、地中海料理和東南亞料理。

芝麻醬 Tahini

中東料理中用的芝麻醬，味道不同於中式芝麻醬，通常和檸檬、鹽和大蒜一起做成醬料，搭配蔬菜、魚類與肉類料理。

濱豆 Lentil

在台灣亦有扁豆之稱，為印度常見食材，有多種顏色，因為營養豐富，廣泛用於各種中東料理，例如沙拉、湯品與米飯，也可以和肉類和蔬菜一起煮。

希臘優格 Greek Yoghurt

無脂原味的希臘優格，經常用於中東料理中，可以加水稀釋作為飲品，也常用於沙拉。

香米 Basmati Rice

香米是一種有香味的長穀稻米，也就是印度米， 不同於泰國香米，在台灣可以在「Nirala」買到，價錢實惠。

地址：台北市信義區永吉路30巷157弄18號
電話：02-2756-8265

黑橄欖 Black Olives　綠橄欖 Green Olives

一般常見的橄欖有綠色與黑色兩種，綠橄欖是未成熟時採收，果實結實，黑橄欖則是成熟後才採收，果實較為柔軟。橄欖多經過醃製過後才入菜，常用於開胃輕食與沙拉。

庫司庫司 Couscous

又稱北非小米，是北非料理、地中海料理常見的主食，也可以用於沙拉。

玫瑰水 Rose water

中東甜點與飲品中常用的濃縮的玫瑰花水，只要一兩滴就足以增添風味。

杏浦 Apricots

將杏去核後曬乾，再經過糖漬製作而成，可以當做零食，也可用於烘焙，常用於中東雞肉料理中，增添風味與口感。

阿拉伯菜的餐桌講義

contents

第一章

基礎高湯＆醃漬物 Stock, Marinade & Pickling

第二章

沙拉、前菜＆湯 Salad, Appetiser & Soup

第三章
主食
Staple Food & Rice

第四章
主菜（牛羊雞 & 海鮮）
Main Course
（Beef, Lamb, Chicken & Seafood）

第五章
飲料 & 甜點
Drinks & Dessert

雞高湯 Chicken Stock

奧勒岡諾奶油 Oregano Butter

醃洋蔥汁 Onion Marinade

醃檸檬 Pickled Lemon Marinade

酸奶酪佐口袋麵包
Yoghurt（Labneh）& Pita Bread

醃希臘卡拉瑪塔黑橄欖
Kalamata Olives

第一章

基礎高湯 & 醃漬物

Stock, Marinade & Pickling

雞高湯 Chicken Stock

材 料

全雞 1 隻、洋蔥 2 個

作 法

1. 洋蔥切小丁備用。
2. 將雞去皮與油脂，先用熱水汆燙後撈起。
3. 另起一鍋滾水，加入汆燙後雞隻，再加入洋蔥丁，煮滾後以中小火燜煮約 2 ～ 3 小時。（雞高湯可以用來煮湯或是煮飯）

STORY

當我在科威特的時候，常常想念起小時候爸爸帶我去吃的切仔麵，我很懷念那濃郁的高湯，可是在這個國度，不可能有豬骨熬湯，於是我嘗試多次，用全雞和洋蔥熬出了雞高湯，讓我可以在異鄉利用這高湯，加點蔬菜，自己做出家鄉古早味，一解口欲和鄉愁。

奧勒岡諾奶油
Oregano Butter

材 料
奶油 200 克、奧勒岡諾 1 大匙、鹽適量

作 法

1. 起一小鍋，將奶油以小火煮至油與奶分離。
2. 加入奧勒岡諾炒至香味四溢，最後加入鹽調味。
3. 起鍋後裝入玻璃瓶內放涼，之後放入冰箱冷藏保存（可保存約 6 個月）。

Tips 可用於魚類和肉醬料理。

醃洋蔥汁
Onion Marinade

材 料
橄欖油、白胡椒粉、
鹽、檸檬汁

作 法

1. 紅洋蔥去皮後切細絲。
2. 將紅洋蔥絲加入調味料拌勻醃泡即可，可用來拌各式沙拉。

Tips 可用於海鮮沙拉或是涼拌海鮮料理增添風味。

醃檸檬 Pickled Lemon Marinade

材 料
檸檬、玻璃罐

調味料
鹽適量

作 法

1 將檸檬切成4塊，放入乾淨的玻璃罐內，以一層檸檬塊、一層鹽、一層檸檬塊、一層鹽的順序，直到裝滿罐子，最後擠些檸檬汁倒入罐內，放置一星期至十天即可使用。

Tips 可用於雞肉或是魚類料理。

酸奶酪 佐口袋麵包 Yoghurt（Labneh） ＆ Pita Bread

材　料
無脂希臘優格、醃希臘卡拉瑪塔黑橄欖、口袋麵包

調味料
鹽、橄欖油

作　法

1. 將希臘優格加入鹽拌勻。
2. 食用前淋上橄欖油，加入少許醃黑橄欖，佐口袋麵包食用。

Tips

❶ 中東人常將優格加上一點鹽，放在冰箱冷藏，可保存至少一週，用來配小黃瓜片或甜椒做成的三明治當做午餐，味道清爽宜人，還可以再加上捻碎的薄荷葉，風味更佳。

❷ 若是優格、小黃瓜片，加上鹽和蒜，適合配上烤肉食用。

❸ 優格還可以加水稀釋，再加點鹽或是蜂蜜，就是中東人常喝的飲料，非常爽口。

醃希臘卡拉瑪塔黑橄欖
Kalamata Olives

材　料
卡拉瑪塔黑橄欖 1 公斤、洋蔥（大）1 個、檸檬 1 個

醬汁材料
檸檬（汁）1 個、奧勒岡諾 1 大匙、蒜頭（整顆）3 個、
辣椒粉 1 小匙、橄欖油 1 大匙

◇◇

作　法

1 將檸檬切小塊。

2 將所有材料拌勻，放入一個玻璃罐裡，加入 1/3 罐醃橄欖醬汁，再加 2/3 罐涼開水，最後再加橄欖油，要蓋過以上材料，置於冰箱冷藏入味。

3 醃約 2～3 星期即可食用，放在冰箱可保存 2～3 個月。

Kalamata 卡拉瑪塔黑橄欖

卡拉瑪塔黑橄欖（Kalamata Olive）產於希臘南部卡拉瑪塔區，鄰近地中海，是希臘最有名的橄欖產區，生產品質優良的橄欖油和適合用來醃製的卡拉瑪塔黑橄欖，果肉飽滿，味道濃郁，且不帶澀味。

摩洛哥式鷹嘴豆泥 & 紅椒式鷹嘴豆泥
Moroccan Style Hummos
& Red Bell Pepper Hummos

黎巴嫩沙拉 Fattoush Salad

蝦仁沙拉 Prawn Salad

番茄沙拉 Tomato Salad

羊奶起司沙拉 Feta Cheese Salad

香草沙拉 Tabbouleh Salad

紅蘿蔔沙拉 Carrot Salad

甜菜根沙拉 Beetroot & Yoghurt Salad

烤茄子 Eggplant Salad

彩椒沙拉 Mixed Bell Pepper Salad

高麗菜沙拉
Two Color Cabbage Salad

明蝦蔬果沙拉
Horseradish Cream Prawn Salad

馬鈴薯沙拉 Potato Salad

濱豆菠菜溫沙拉
Warm Lentil & Spinach Salad

雪蓮子豆沙拉 Chickpea Salad

燜蔬菜 Vegetable Stew

四季豆燉番茄 Tomato & String Beans

秋葵燉番茄 Tomato & Okra

阿爾及利亞炸三角 Algerian Triangles

炸豆子蔬菜餅 Falafels

菠菜餅 Spinach Pastry

阿拉伯式鄉下蔬菜湯
Arabic Style Vegetable Soup

摩洛哥湯 Harira Soup

濱豆湯 Lentil Soup

第二章

沙 拉 、 前 菜 & 湯

Salad, Appetiser & Soup

摩洛哥式鷹嘴豆泥 & 紅椒式鷹嘴豆泥
Moroccan Style Hummos & Red Bell Pepper Hummos

A 摩洛哥式

材 料　鷹嘴豆（乾）1 杯

調味料
芝麻醬 2 大匙、檸檬（汁）1 個、大蒜 2 瓣、香菜 1 大匙、橄欖油 1 大匙、鹽 1/4 小匙、匈牙利辣椒粉 1/4 小匙、孜然 1/4 小匙

作 法

1. 將鷹嘴豆泡水 30 ～ 60 分鐘，之後撈起。
2. 大蒜磨成泥，香菜切碎，用橄欖油將蒜泥與香菜碎炒香，但是不能炒到焦，要保持香菜的綠色。
3. 起一鍋，加入水和作法 1 泡好的鷹嘴豆同煮，煮到鷹嘴豆酥軟後撈起待涼。
4. 將煮好的鷹嘴豆放入攪拌機或是果汁機中，加入所有調味料和作法 2 炒香的蒜泥、香菜打成泥即可。

B 紅椒式

材 料　鷹嘴豆（乾）1 杯、紅椒 2 個

調味料
芝麻醬 2 大匙、檸檬（汁）1 個、大蒜 2 瓣、香菜 1 大匙、橄欖油 1 大匙、鹽 1/4 小匙、匈牙利辣椒粉 1/4 小匙、孜然 1/4 小匙、黑胡椒 1/4 小匙、白胡椒 1/4 小匙

作 法

1. 彩椒洗淨，放入烤箱以 200℃烤至彩椒皮出現水泡狀。將烤好的彩椒放涼，用手將皮剝掉，去除籽備用。
2. 將鷹嘴豆泡水 30 ～ 60 分鐘，之後撈起。
3. 起一鍋，加入水和作法 1 泡好的鷹嘴豆同煮，煮到鷹嘴豆酥軟後撈起待涼。
4. 將煮好的鷹嘴豆放入攪拌機或是果汁機中，加入所有調味料和作法 1 烤好的紅椒打成泥即可。

黎巴嫩沙拉 Fattoush Salad

材　料

洋蔥（大）1/2 個、小黃瓜 3 條、蘿蔓生菜 1/2 棵、牛番茄 1 個、全麥口袋麵包 1 片、蔥 2 支、薄荷 1 小把（或乾薄荷 1 大匙）、中東香料 Sumac

醬汁材料

大蒜 2 瓣、檸檬（汁）1 個、橄欖油約 2 個檸檬汁的量、鹽 1/2 小匙、胡椒 1 小匙、蜂蜜 1/2 大匙

醬汁作法

1 大蒜切末。

2 將檸檬擠汁，加入檸檬汁 2 倍的橄欖油，再加入鹽、胡椒和蒜末拌勻。

作　法

1 口袋麵包切成小丁，撒在烤盤上，淋些橄欖油，再放入烤箱烤至酥脆焦黃。

2 洋蔥切細丁；小黃瓜切丁；蘿蔓生菜切 0.5 公分長細絲；牛番茄去籽切小丁；蔥切蔥花。

3 將作法 2 材料放入大碗中，加入中東香料拌勻，食用前才加入醬汁和麵包丁拌勻即可。

Tips

❶ 麵包可以用任何乾麵包烤脆代替。

❷ 全麥口袋麵包可以在「Sababa」餐廳買到，一包 5 片，約 NT$95 元。餐廳地址：台北市和平東路二段 118 巷 54 弄 8 號，電話：02-2738-7769。

❸ 中東香料 Sumac 屬於亞熱帶灌木植物，生長範圍廣，主要產於非洲與北美洲，阿拉伯文稱為 Summap，在敘利亞語是「紅色」的意思。味道略帶酸味，因其酸味，適合用於各式魚類料理、雞肉料理、各式沙拉和米食上，生食洋蔥時也可以加上一點，或是取代檸檬汁來調味。

蝦仁沙拉 Prawn Salad

材 料

蝦仁 300 克、紅洋葱 1 個、番茄 3 個、酪梨 1 個（或大的 1/2 個）、葱 2 支、酸豆（Kappers）2 大匙（湯汁 2 大匙）、香菜 1/4 小把、檸檬 1 又 1/2 個

調味料

檸檬（汁）1 又 1/2 個、糖少許、鹽少許、胡椒少許、橄欖油 3 大匙

◇◇

作 法

1 蝦仁洗淨汆燙至熟，撈起放入冷水中冰鎮。

2 紅洋蔥去皮切細絲；番茄洗淨切塊；酪梨去皮切丁；檸檬 1 個切薄片。

3 檸檬 1 又 1/2 個擠汁；蔥切蔥花；香菜切碎。

4 取一大碗，放入蝦仁、蔥花、香菜和檸檬片輕輕拌勻，加入檸檬汁、糖、鹽、胡椒和橄欖油調味，調味後先冰入冰箱冷藏 30 ～ 45 分鐘。

5 取出後加入番茄拌勻，待食用前再加入洋蔥絲和酪梨拌勻即可。

Tips 可以用事先做好的醃洋蔥代替新鮮洋蔥，或與烤好的肉類和魚一起食用。醃洋蔥材料與作法見 P.17。

番茄沙拉 Tomato Salad

材　料
番茄（中）4 個、
小黃瓜 1 條、洋蔥 1/4 個

調味料
辣椒 1 條、蒔羅子 1/4 小匙、
鹽 2 小匙、胡椒 1 小匙、
檸檬（汁）1/2 個、橄欖油 2 大匙

作　法

1 番茄去皮切丁；小黃瓜切丁；洋蔥切丁。
2 辣椒切細絲；蒔羅的種子磨碎。
3 將所有材料與調味料拌勻即可。

羊奶起司沙拉
Feta Cheese Salad

材 料

小黃瓜 3 條、紅蘿蔔（中型）1/2 條、
番茄 2 個、洋蔥 1/4 個、蔥 3 支、
羊奶起司適量、綠橄欖適量、
蘿蔓生菜少許、大蒜 1 小匙

調味料

鹽、胡椒 1 小匙、橄欖油 2 大匙、
檸檬汁（或白酒醋）1 大匙、
芥末醬適量

作 法

1. 小黃瓜洗淨切丁；紅蘿蔔去皮切丁；番茄切丁；洋蔥去皮切丁；蘿蔓生菜洗淨切細絲；蔥切蔥花；大蒜切末；羊奶起司用手剝成小塊。
2. 將作法 1 所有材料放入大碗中拌勻，再加入調味料調味後拌勻即可。

Tips 這道沙拉非常普遍，只要烤上兩片口袋麵包，就是方便又營養的午餐。

香草沙拉
Tabbouleh Salad

材　料

小米（庫司庫司 couscous）1/2 杯、蔥 5 ～ 6 支、百里香 3 杯
番茄 2 ～ 3 個、洋蔥 1/4 個、薄荷 1/4 杯、蘿蔓生菜數片

◇◇

調味料

檸檬（汁）1 又 1/2 個（籽要取出）、橄欖油 1/4 杯、鹽 2 大匙、胡椒 2 大匙

◇◇

作　法

1 用熱水將庫司庫司泡軟。

2 蔥切蔥花；百里香切碎；薄荷切碎；番茄切半，將汁擠出籽去掉，果肉切丁。

3 檸檬擠汁，將籽去掉；洋蔥去皮切碎。

4 食用前將所有材料與調味料拌勻，可以用蘿蔓生菜捲起來吃，或者搭配一片烤肉食用也十分可口。

Tips

❶ 番茄只取果肉切丁，避免出太多水影響沙拉口感。

❷ 煮庫司庫司（couscous）時，要先用滾水蓋過庫司庫司（couscous），待幾秒後，再加入滾水，之後加蓋將它悶熟即可。

❸ 這是我很喜歡的一道沙拉，可以配上生菜，或是佐烤肉一起吃，不用再沾任何醬料，是健康美味又飽足的飲食選擇。

紅蘿蔔沙拉
Carrot Salad

材　料

紅蘿蔔 3 條、香菜 10 小支（約 1/2 杯）、橄欖油 2 大匙

沙拉醬材料

大蒜 3 瓣、孜然 1/4 小匙、白酒醋 2 大匙、鹽 1/4 小匙、
胡椒 1/4 小匙、匈牙利辣椒粉 1/4 小匙、糖 2 小匙

醬汁作法

將大蒜磨成泥，所有材料放入果汁機打勻即可。

作　法

1. 紅蘿蔔洗淨去皮，切成滾刀塊，入鍋汆燙至熟。
2. 大蒜搗成泥；香菜洗淨切碎，用少許橄欖油炒香。
3. 將汆燙熟的紅蘿蔔，趁熱加入作法 2，再加入沙拉醬材料拌勻即可。

Tips

❶ 這道沙拉可以吃熱的，也可以前一天做好冰涼了吃。

❷ 汆燙紅蘿蔔時，可以在滾水裡加點鹽，會更有風味。

甜菜根沙拉
Beetroot & Yoghurt Salad

材　料
甜菜根 1/2 個

醬汁材料
希臘優格 5 大匙、鹽少許、蒜末少許

作　法

1 將甜菜根去皮，煮約 30 分鐘至熟，放涼後切丁。
2 將醬汁材料拌勻成優格醬。
3 煮熟甜菜根丁加入優格醬拌勻即可。

烤茄子
Eggplant Salad

材　料
茄子 4 條

調味料
辣椒 1 條、大蒜 3 ～ 4 瓣、
橄欖油 2 大匙、
白酒醋適量、鹽少許、
糖少許

作　法

1. 茄子洗淨，不要切，不去皮，整條放入烤箱，以 200℃烤熟但不要烤焦，需要時常翻面。
2. 大蒜切末；辣椒切末。
3. 取出茄子放涼，將皮剝掉，撕成粗條狀，盡量將剝茄子的湯汁留下。
4. 將剝好的茄子條加入調味料拌勻，放入冰箱冷藏冰鎮入味。

Tips

❶ 這道沙拉是溫沙拉，趁熱吃香味十足，口感綿密，放涼一點吃也很順口，是道老少咸宜的沙拉。

❷ 檸檬汁也可以用醋代替。

彩椒沙拉
Mixed Bell Pepper Salad

材 料
紅椒 1 個、黃椒 1 個、青椒 1 個

調味料
大蒜 1 瓣、鹽少許、醋少許

作 法

1 大蒜切末。

2 彩椒洗淨，放入烤箱以 200℃烤至彩椒皮出現水泡狀。

3 將烤好的彩椒放涼，用手將皮剝掉，去除籽後將彩椒撕成條狀，記得彩椒湯汁要留下。

4 將作法 3 留下的彩椒湯汁加入蒜末、鹽和醋調味，過濾後加入彩椒條中拌勻即可。

Tips 這道彩椒沙拉是我在南斯拉夫吃到的一道菜，也可以加新鮮的辣椒。喜嗜辣者更有另一番味道，可以與麵食類或與炒飯一起搭配。

高麗菜沙拉
Two Color Cabbage Salad

材　料
高麗菜 1/4 個、紫高麗菜 1/4 個、紅蘿蔔 1 條、
新鮮巴西里 3 大匙

醬汁材料
橄欖油 2 大匙、檸檬汁（或醋）2 大匙、鹽 1 小匙、
蜂蜜 1 小匙、胡椒 1 小匙、大蒜 2 瓣

醬汁作法

將大蒜磨成泥，再將所有醬汁材料拌勻即可。

作　法

1. 兩種高麗菜洗淨，切細絲；紅蘿蔔去皮切細絲；巴西里切碎。
2. 將作法 1 蔬菜絲放入冰箱冷藏冰涼。
3. 食用前淋上醬汁，再拌勻即可。

Tips　在中東國家吃這道沙拉時，多半是沒有添加蜂蜜，但是我發現加上蜂蜜比較符合台灣人喜歡的口感。

明蝦蔬果沙拉
Horseradish Cream Prawn Salad

材　料　明蝦 8 隻（約 600 克）、吐司 2 片、蘿蔓生菜少許

調味料　紹興酒少許、麻油少許、鹽 1/2 小匙

蘋果奶油醬材料
生奶油（無糖）250 克、辣根醬 1 大匙、青蘋果 1 個、
西芹 2 段（尾巴較綠的部份）、芥末醬少許、山葵粉 5 克

◇◇

作　法

1. 將明蝦仔細洗淨，用紹興酒、麻油和鹽略醃，放入滾水中汆燙待變色後約 10 秒鐘撈起，迅速放入冰水中，再放入冰箱冷藏冰鎮，之後斜切成兩片。
2. 製作蘋果奶油醬：青蘋果洗淨去皮切小丁；西芹切小丁；生奶油用攪拌機打勻，放入切好的蔬果丁，再加入其他材料拌勻即可。
3. 將吐司放入烤箱烤至金黃色，淋上蔬果奶油醬，放上斜切片明蝦，佐蘿蔓生菜食用。

Tips

❶ 明蝦（600 克）也可以用龍蝦（1 隻），若是用龍蝦的話，將龍蝦洗淨後要先導尿，放入滾水中汆燙時間要視龍蝦大小，約 15 ～ 20 分鐘，撈起後同樣放入冰水中，去殼後再放入冰箱冷藏冰鎮。

❷ 芥末醬可以買有甜味的，不然要再加點糖。

❸ 這道菜可以當作開胃前菜，也是很好的午餐三明治。

❹ 原來是用櫻桃酒，但是我用紹興酒來去除蝦子腥味，再加上麻油，更適合台灣人的口味。

馬鈴薯沙拉
Potato Salad

材　料
馬鈴薯 3 個、香菜 1 把、
橄欖油適量

調味料
大蒜 4 瓣、鹽 2 小匙、
檸檬（汁）1 個

作　法

1 馬鈴薯洗淨，去皮切小丁，放入鍋中加入橄欖油煎熟備用。

2 香菜洗淨、切碎；檸檬擠汁；大蒜磨成泥。

3 起一平底鍋，用橄欖油將蒜泥炒香至呈現淡褐色狀態，再加入作法 1 煎熟馬鈴薯丁、香菜末炒勻，最後加入鹽和檸檬汁調味即可。

Tips

這道沙拉是溫沙拉，趁熱吃香味十足，口感綿密，放涼一點吃也很順口，是道老少咸宜的沙拉。

檸檬汁也可以用醋代替，加上醋或檸檬汁後要馬上關火，不然會有苦味。

濱豆菠菜溫沙拉
Warm Lentil & Spinach Salad

材　料

濱豆 1/2 杯、
新鮮菠菜 600 克（或市售冷凍菠菜 1 包）
洋蔥 1/2 個、香菜 1 大匙、水 1 杯

調味料

孜然 1/4 小匙、鹽少許、橄欖油 3 大匙、
檸檬（汁）1/2 個

作　法

1 將濱豆洗淨，泡水備用；洋蔥去皮切細丁；香菜洗淨切碎。

2 將菠菜洗淨汆燙，撈起後擠乾水份。

3 起一鍋，先用橄欖油將洋蔥丁炒香，再加入作法 1 泡軟濱豆，加入少許孜然和鹽調味，再加入 1 杯水煮至濱豆變軟，待水煮至剩下 1/4 杯左右。

4 作法 3 加入擠乾水份的菠菜炒勻，最後加入檸檬汁、橄欖油、孜然和香菜炒勻，即成一道營養的溫沙拉。

Tips

若是使用冷凍菠菜，不需要汆燙，在作法 3，水煮至剩下 1/4 杯時候加入冷凍菠菜繼續煮，最後再加調味料即可。

雪蓮子豆沙拉
Chickpea Salad

材 料

雪蓮子豆 1 又 1/2 杯、紅洋蔥 1/2 個、大蒜 3 瓣、番茄 3 個
椰棗 6 ～ 8 個、香菜少許、橄欖油少許

調味料

肉桂粉、孜然粉、匈牙利辣椒粉、白胡椒各適量
豆蔻粉、丁香粉、番茄糊（Tomato paste）各適量

作 法

1 前一晚先將雪蓮子豆泡水至軟，隔天撈起後用熱水煮熟，再撈起瀝乾水份。

2 紅洋蔥切小片；番茄切丁；椰棗切小丁；大蒜切末；香菜切碎。

3 用橄欖油將紅洋蔥片炒香，再加入番茄丁續炒至味道出來，加入作法 1 雪蓮子豆和粉類調味料，可以加一點水，蓋上鍋蓋以小火燜煮。

4 若是湯汁稍多，可以加入番茄糊收汁，煮至黏稠狀後加入蒜末再滾 1 分鐘，起鍋前加入椰棗和香菜即可。

Tips 也可以用豇豆或是白豆取代雪蓮子豆。

燜蔬菜
Vegetable Stew

材　料

洋蔥 1 個、番茄 6 個、紅蘿蔔（大）1 條（或小的 3 條）、西洋芹 3 條、紅椒 1 個、青椒 1 個、茄子 2 條、櫛瓜 3 條、高麗菜 1/2 個

調味料

鹽適量、胡椒少許、橄欖油少許

作　法

1 所有材料洗淨、切成小滾刀塊。

2 用橄欖油先將洋蔥丁炒香，再依序放入材料（除了高麗菜之外）煮滾，滾後轉小火繼續燜煮，加入適量水和調味料調味，再繼續煮約 25 分鐘。

3 起鍋前加入高麗菜再煮約 5 分鐘即可。

Tips　不要加太多水，因為蔬菜本身有水份，蔬菜原汁更美味。

STORY

婆婆的減肥美食

這道蔬菜料理是從婆婆那裡學來的，當時她正在節食，每天她都會煮上一大鍋燜蔬菜，幫助她減輕體重。身為外交官夫人的她，身材與體態都得維持在一定狀態，因此她每年都會有幾個月特別節制飲食，這道燜蔬菜就是體重控制時期最好的餐食。自己在家裡做，可以用喜歡的蔬菜或是當季的蔬菜來做，高纖豐富，營養美味，老少咸宜。

四季豆燉番茄
Tomato & String Beans

材　料

洋蔥（大）1 個、番茄 6 個、嫩四季豆 600 克、大蒜適量、九層塔適量、橄欖油少許

調味料

鹽少許、白胡椒適量

作　法

1. 洋蔥去皮切小丁；番茄切小丁；四季豆洗淨，撕去粗絲後切段；大蒜切末。
2. 用橄欖油炒香洋蔥，再加入番茄丁，煮至番茄變軟時再加入四季豆，煮至四季豆微軟約九分熟時，加入九層塔再煮 5 分鐘。
3. 起鍋前加入鹽和胡椒調味，最後加入蒜末即可。

Tips　番茄買回來後，要放在室溫下通風良好的地方，待數天後番茄熟了、紅了，此時再來入菜，這樣番茄的香味才會散發出來，同時菜餚顏色也較為美麗。

番茄燉秋葵
Tomato & Okra

材　料

洋蔥 1/2 個、番茄 5 個、
秋葵（小）300 克、
香菜 1 把（或九層塔）、
蒜泥 1 大匙、
橄欖油少許

調味料

番茄糊適量

作　法

1. 洋蔥去皮切細末；番茄切小丁；秋葵去蒂，周圍一圈黑黑的黑線要用小刀輕輕削除；香菜或是九層塔切碎。
2. 取一單柄鍋，用橄欖油炒香洋蔥末，加入番茄丁煮約 15 分鐘，再加入整條秋葵煮滾後轉至小火，不要過度攪拌以免秋葵散掉，也避免秋葵黏液流出影響口感。
3. 大約煮 20 分鐘，加入蒜泥和香菜碎，如果覺得湯汁太稀可以加入適量番茄糊即可關火。

STORY

這道菜是 Assoum 阿姨教我做的，可以配上麵食和米飯一起吃，有時候我也喜歡加上 Tabasco 辣椒醬一起吃，十分下飯！在科威特，秋葵只有特定季節有，因此產季時，我們會將秋葵削乾淨，放入冰箱冷凍，這樣即使冬天也有秋葵可以入菜。

我在中東所學到的很多料理，都十分健康。阿拉伯人是非常講求新鮮與天然的，因此在調味方面，中東人多用天然的蔬果與香料，很少使用瓶瓶罐罐的加工調味品。

阿爾及利亞炸三角（12 個）
Algerian Triangles

材 料
春捲皮 600 克、牛絞肉（或雞絞肉）200 克、洋蔥 1/2 個
蛋 12 個、巴西里 1/2 杯、橄欖油適量

醬汁材料 鹽適量、胡椒粉少許

◇◇

作 法

1. 巴西里切碎；春捲皮用刀裁成正方形；洋蔥去皮切小丁。
2. 用橄欖油將洋蔥炒香，再加入牛絞肉同炒，絞肉炒乾後加入鹽和胡椒調味。
3. 將春捲皮攤開，左上方先放上 1 大匙炒好的牛絞肉，將絞肉做成一個圈圈狀，中間打上 1 個蛋，加上巴西里碎，用手將春捲皮對折成一個三角形狀。
4. 熱一油鍋，用手將折好的三角形春捲皮抓好，放入油鍋炸，用中小火將春捲皮炸至金黃酥脆即可。

Tips 作法 3 打蛋時，可以留下一些蛋液，幫助春捲皮黏合。

STORY

這道菜是阿爾及利亞大使夫人 Robbia 教我的，是一位很年輕又漂亮伶俐的夫人，她教我幾道阿爾及利亞菜，這是其中的一道，它與我們的炸春捲太類似，所以才介紹給大家。

這道阿爾及利亞炸三角，是北非常見的食物，亦可當作前菜也可以當作點心，營養又好吃，不喜歡吃蛋的我，一次就可以吃兩個哩！

炸豆子蔬菜餅 (18 個)
falafels

材　料
去皮蠶豆 1/2 杯、鷹嘴豆 1/2 杯、韭菜 1/4 把、蛋 1 個、
香菜 2 大匙、巴西里 2 大匙、蔥 2 枝、大蒜 2 個

調味料
孜然 1/4 小匙、發泡粉 1/4 小匙、鹽少許、胡椒少許、
辣椒粉少許、麵粉少許（酌量）

作　法

1 去皮蠶豆用水泡軟（需泡隔夜）；鷹嘴豆用水泡約 3 ～ 4 小時，起一鍋，加水剛好蓋過鷹嘴豆，煮到豆子微軟後撈起。

2 韭菜、香菜、巴西里、蔥和大蒜切碎。

3 將兩種豆子放入調理機中，加入作法 2 材料，再加入調味料，如果覺得水份太多可以酌量加入麵粉，將所有材料與調味料打勻成餡料。

4 用手將餡料捏成丸子狀，入油鍋炸至丸子呈現蜂蜜的顏色即可。

Tips 食用時可以沾鷹嘴豆泥或是芝麻醬。

STORY

街頭攤販小吃

這道料理在中東非常普遍，到處都有攤子現炸現賣，只是大部份會做成三明治。在餐廳中，就會做成名為 Mezza 的前菜，是種類似西班牙 Tapas 的前菜，佐芝麻醬一起吃。

菠菜餅 Spinach Pastry（15～18 個）

麵糰材料

麵粉 2 杯、快速發酵粉 1 又 1/2 小匙、沙拉油 1/4 杯、鹽少許、糖少許、溫水少許

麵糰作法

1. 取一盆，放入所有麵糰材料拌勻，之後蓋上一條溼熱毛巾讓麵糰發酵，視室溫發酵 1 ～ 3 小時。
2. 或者可以將烤箱預熱 100℃，待烤箱熱了就將溫度關掉，打開烤箱門約 10 秒鐘後，將麵糰放入烤箱中發酵。

◇◇

內餡材料

菠菜 600 克（約 2 把）、洋蔥 1/4 個、葡萄籽油 1/3 杯、松子 1/3 杯、檸檬（汁）1 個、1 大匙 Sumac

內餡調味料　鹽適量、胡椒少許

內餡作法

1. 菠菜洗淨切對半，用滾水汆燙至軟後隨即撈起，放入冷水中沖洗，待涼後取出，用手將水份擠乾，切成細末後再一次擠乾水份。
2. 洋蔥去皮切細丁，用葡萄籽油炒香，再加入作法 1 擠乾水份的菠菜末，炒勻後加入檸檬汁、鹽和胡椒調味，最後加入松子後起鍋放涼。
3. 將發酵好的麵糰分成 15 ～ 18 份，用手將分好的麵糰捏成圓餅形，將放涼內餡放在麵皮中間，再用手將麵皮周圍捏起，使呈現四方形。
4. 烤箱預熱 180℃，將捏好的餅放入烤盤中，烤至餅皮呈現深褐蜂蜜色即可。

◇◇

Tips

❶ 材料中的油和檸檬可以隨個人口味斟酌份量。

❷ 內餡可以事先做好，一定要放涼了才可以包在麵皮上。

阿拉伯式鄉下蔬菜湯
Arabic Style Vegetable Soup

材　料

洋蔥 1/2 個、濱豆（Lentil）1 杯、馬鈴薯 1 個、菠菜 150 克（1/2 把）、紅椒 1/4 個、麵包（或吐司）、大蒜、橄欖油

調味料

鹽少許、胡椒少許、孜然少許、檸檬 1 個、水適量

◇◇

作　法

1 洋蔥切小丁；馬鈴薯去皮切小丁；菠菜洗淨切小段；紅椒切小丁；大蒜切末；檸檬擠汁。

2 將麵包（或吐司）切丁，炸至金黃酥脆撈起瀝乾放涼。

3 用橄欖油將洋蔥丁炒香，再加入濱豆同炒，加點水和鹽、胡椒與孜然，再加入馬鈴薯丁，開大火煮滾後轉至小火，煮到豆子變軟至熟。

4 豆子快熟時加入菠菜小段再煮約 10 分鐘，最後加入紅椒、檸檬汁和蒜末調味即可。

5 食用時佐炸麵包丁。

摩洛哥湯 Harira Soup

材　料

仔牛肉 300 克、洋蔥 1/2 個、番茄 2 個、紅蘿蔔 1/2 條、鷹嘴豆 1/2 罐（約 300 克）、香菜 4 把、濱豆仁 1/4 杯、米 1/4 杯、巴西里 1 把

調味料

薑粉或薑末 1 大匙、番紅花 7 ～ 8 條、番茄糊 2 大匙、檸檬 2 個、蛋 1 個、牛油 1 小塊、鹽少許、胡椒少許

作　法

1. 仔牛肉切小丁；洋蔥切小丁；番茄去皮切小丁；紅蘿蔔去皮切小丁；香菜切碎；巴西里切碎；檸檬擠汁；蛋打散。
2. 用牛油炒香洋蔥丁，再加入仔牛肉丁炒熟，加入香菜碎和巴西里碎，再加入番茄丁和紅蘿蔔丁，加入鹽和胡椒調味後，加水蓋過材料煮滾，水滾後以慢火煮約 30 分鐘。
3. 掀蓋加入薑末和番紅花，再加入米、鷹嘴豆和濱豆仁，再煮到豆子和米熟透，加入番茄糊繼續燜煮約 30 分鐘。
4. 起鍋前加入檸檬汁和蛋汁，再燜煮一下，最後加入香菜即可。

STORY

齋月的湯

Zahhara 是摩洛哥人，也是駐南斯拉夫科威特大使館邸的廚師，她身材瘦高，膚色健美，廚藝一流，但是脾氣常叫人不敢領教。廚房是她的王國，連婆婆都得讓她三分，但是可能是緣份吧，她居然讓我進她的廚房，看她做菜，也讓我使用廚房，還教了我好多道料理，這道摩洛哥湯是她教我的第一道料理，也是齋月時期既營養又飽足暖胃的湯品，齋月時期只要有這道湯，再加上一些棗子，就非常足夠。

濱豆湯 Lentil Soup

材　料
濱豆仁 2 杯、洋蔥 1 個、大蒜 4 個、水 6 杯、
口袋麵包一片、橄欖油少許、巴西里少許

調味料
孜然 1 小匙、鹽少許、胡椒少許、檸檬汁少許

◇◇

作　法

1 將口袋麵包切成指甲般小丁，放入烤箱中烤至金黃酥脆；洋蔥去皮切丁。

2 取一深鍋，用橄欖油將洋蔥丁炒香，加入濱豆仁和大蒜，再加入 6 杯水煮滾，後轉中小火煮至豆子軟爛。

3 將作法 2 煮軟豆子撈起放入調理機，加入適量煮豆水打成泥，再將豆子泥倒回鍋中和煮豆水一起煮滾，此時加入孜然、鹽和胡椒調味，起鍋前加入檸檬汁和巴西里即可。

4 食用前將烤脆的麵包丁撒在湯上面一起吃。

番紅花飯 Saffron Rice
綠色香草飯 Parsley Rice
扁豆飯 Lentil Rice
印度蔬菜飯 Baked Curry Rice
有機蕎麥櫛瓜稀飯 Buck Wheat & Vegetables
雞絞肉飯 Chicken Rice
薑黃雞肉飯 Biryani Rice
倒扣茄子飯 Upside Down Eggplant Rice
阿拉伯比薩 Minced Meat Pizza

第三章
主 食
Staple Food
& Rice

番紅花飯 Saffron Rice

材 料
香米 4 杯、雞高湯（或素高湯）4 杯、洋蔥 2 個、
松子少許、橄欖油少許

調味料
番紅花 7 ～ 8 條、大蒜 2 個、薑末 1 小匙、
咖哩葉 6 片（或乾檸檬皮 2 片）、
檸檬皮絲 2 個、檸檬汁 1/4 杯、香菜 1/4 杯

◇◇◇

作 法

1 洋蔥去皮切小丁；大蒜磨成泥；香菜切碎；香米洗淨瀝乾水份。

2 將雞高湯煮滾後加入番紅花，關火後蓋鍋蓋燜約 15 分鐘。

3 用橄欖油將洋蔥丁炒香，加入薑末和蒜末，再加入咖哩葉和檸檬皮絲同炒，再加入洗好瀝乾的香米一起炒。

4 將作法 3 加入作法 2 雞高湯鍋中，煮滾後轉小火繼續煮約 5 ～ 10 分鐘，煮至飯快熟時加入檸檬汁和香菜碎，蓋上鍋蓋再燜約 5 分鐘，食用前撒上松子。

Tips 番紅花放久了，若是潮溼變得不新鮮，可以用乾鍋再炒香，炒完後磨成粉末即可。

綠色香草飯 Parsley Rice

材 料

香米 3 杯、巴西里 1 把、炸油 2 大碗、水 3 杯

調味料

鹽、白胡椒適量

作 法

1. 將巴西里葉子摘下來，洗淨晾乾至沒有水份；米洗淨瀝乾水份。
2. 用中火加熱炸油，之後放入巴西里葉油炸，不要炸到焦，將炸好的巴西里葉撈起瀝乾，炸巴西里油待用。
3. 起一鍋，用少許炸過巴西里葉子的油將米炒一下，炒至水份略乾後加入鹽和 3 杯水，煮滾後轉小火，再燜煮約 15 分鐘至熟。
4. 將炸好的巴西里葉用攪拌機打碎或是用研磨棒搗碎，將巴西里碎拌入煮好的米飯拌勻，一定要拌得很均勻，加入一些炸巴西里的油，再將拌勻的巴西里飯放入圓形容器中。
5. 將容器中的巴西里飯倒扣到盤子上。

Tips 也可以用電鍋或是電子鍋將米煮熟，吃之前才將巴西里碎拌勻即可。

STORY

這道綠色香草飯經常和魚一起吃，中東人習慣將飯裝滿盤，旁邊再放上煮好的魚類或是肉類，可以很多人一起吃非常方便。

濱豆飯 Lentil Rice

材 料

香米 3 杯、濱豆 1 杯、洋蔥（大）1/2 個、大蒜 3 個、水 3 杯、孜然或孜然粉 1/4 小匙

調味料

無脂希臘優格 5 大匙、鹽少許、蒜末少許

◇◇◇

作 法

1. 濱豆洗淨瀝乾；洋蔥去皮切小丁。
2. 起一鍋，將濱豆放入，加水剛好蓋過濱豆，再加入大蒜和孜然一起煮。
3. 煮至濱豆將熟（吃起來不會硬硬的程度），取出一半的濱豆，再放入洗好的香米，加 3 杯水，加入洋蔥和鹽，煮滾後轉中火繼續煮至水份收乾，再轉成小火，蓋上鍋蓋煮至米飯燜熟。
4. 食用前加入另外一半的濱豆拌勻即可。

◇◇◇

Tips

❶ 台灣賣的濱豆比較容易煮爛，但也容易變色。

❷ 如果想要變化這道飯，或是想要宴客，可以用 1 杯油炒香 3 個洋蔥絲，炒至呈現深咖啡色時，取出 2/3 份量洋蔥絲留用，先將 1/3 份量的洋蔥絲連同炒洋蔥絲的油和濱豆飯拌勻，再將之前取出的 2/3 份量洋蔥絲撒在飯上面裝飾。

印度蔬菜飯 Baked Curry Rice

材　料

香米 2 杯、洋蔥 1 個、紅椒 1 個、青椒 1 個、水 3 杯
番茄 2 個、青豆仁 1/2 杯、玉米粒 1/2 杯、紅蘿蔔丁 1/2 杯、
薑 1 小塊、辣椒 1 條、馬鈴薯 1 個

調味料

鹽少許、胡椒少許、黃薑粉（Turmeric）1/4 小匙、咖哩粉 2 大匙

◇◇◇

作　法

1. 香米洗淨瀝乾水份；洋蔥去皮切小丁；青椒、紅椒和番茄切小丁；薑切細末；辣椒切小段；馬鈴薯去皮切圓片。
2. 取一鍋，放入香米，加 3 杯水，煮至半熟後將多餘水份瀝乾。
3. 用橄欖油炒香洋蔥丁，再依序加入薑末、青椒丁、紅椒丁、番茄丁、青豆仁和玉米粒拌炒，之後用鹽和胡椒調味，再加入辣椒和黃薑粉炒香，最後加入咖哩粉炒勻。
4. 取一烤盤，先鋪上馬鈴薯片鋪底，接著鋪上一層作法 3 炒好蔬菜，再鋪上一層半熟香米，再重複鋪上一層馬鈴薯片、蔬菜、香米，最後蓋上一層錫箔紙，放入烤箱以 200℃烤約 30 分鐘至香米熟為止。
5. 食用前可以撒上炸松子或是杏仁片增加風味。

有機蕎麥櫛瓜稀飯 Buck Wheat & Vegetables

材　料

洋蔥 1/2 個、紅蘿蔔 1/2 條、西洋芹 2 條、黃皮櫛瓜 1 條、綠皮櫛瓜 1 條、蕎麥 1/2 杯、蒜末 2 小匙、香菜末 2 大匙、橄欖油少許

調味料

鹽少許、胡椒粉 1 小匙、大蒜 2 個

◇◇◇

作　法

1. 蕎麥用水泡軟。
2. 洋蔥和紅蘿蔔去皮切小丁；兩種櫛瓜切小丁；西洋芹撕去粗皮切小丁。
3. 用橄欖油將洋蔥炒香、炒軟，再加入紅蘿蔔丁炒香，之後加入西洋芹丁炒至蔬菜的香味融合，香氣十足。
4. 加入泡軟蕎麥和水一起煮滾（水要蓋過所有材料），之後改中火，再煮約 15 分鐘，直到蕎麥軟熟，若是水不夠可以再酌量加些水。
5. 最後放入兩種櫛瓜丁煮至櫛瓜變成透明狀，加入蒜末和香菜再煮滾即可。

Tips

❶ 所有的蔬菜丁要切得大小相同。

❷ 食用時候可以加入優格一起吃。

STORY

旅行的猶太人

這道料裡有個很有趣的名字：旅行的猶太人，因為對經常遷徙的猶太人來說，這道料理快速又簡單，經濟實惠且營養豐富，更是冬天保暖的好味道。

雞絞肉飯 Chicken Rice

材　料

香米 3 杯、雞絞肉 400 克、洋蔥 1 個、松子 2 大匙、
橄欖油少許、水 3 杯

調味料

豆蔻粉 1/2 小匙、丁香粉 1/4 小匙

作　法

1 松子放入烤箱中烤香或用油炸香。

2 香米洗淨瀝乾水份；洋蔥去皮切小丁。

3 起一深鍋，用橄欖油炒香洋蔥丁，再加入雞絞肉炒熟，之後加入豆蔻粉和丁香粉，再加點水煮至絞肉變軟。

4 放入香米同煮，再加水蓋過米，水的高度大約是中指指尖碰到米之後上來約手指一節的高度，先用大火將水煮滾，再繼續煮至水收乾約一半的量，之後轉中小火繼續煮約 5 分鐘。

5 當煮到鍋內的水只剩下約 1/3 量時，轉至最小火，用半燜半煮的方式繼續煮至米飯熟透為止。

6 食用前撒上烤過松子即可。

Tips　若不用香米，可以用任何長穀稻米來做。

STORY

這是 Multia 姑姑教我做的一道飯，記得每週五在她家的家庭聚會，她都會煮上至少 15 道料理供大家享用，因此每逢上她家吃飯，吃一頓可以飽上三頓，現在想起來都還齒頰留香，真是令人回味無窮。

薑黃雞肉飯 Biryani Rice

材 料
香米 3 杯、雞腿 4 隻、水 3 杯、洋蔥 2 個、紅蘿蔔 2 條、馬鈴薯 2 個

調味料
小豆蔻 1/4 小匙、丁香粉 1/4 小匙、番紅花 15 ～ 20 條、
鬱金香粉 2 小匙

◇◇◇

作 法

1. 香米洗淨瀝乾水份。
2. 將每隻雞腿剁成 3 塊，共有 12 塊；洋蔥去皮切碎丁；紅蘿蔔和馬鈴薯去皮切滾刀塊。
3. 起一深鍋，放入雞腿煎至兩面金黃，將雞腿拿出，用鍋中的雞油繼續將洋蔥丁炒香，之後將雞腿倒回鍋中，加水 1 杯半剛好蓋過雞腿肉，加入調味料，再加入紅蘿蔔塊同煮。
4. 待煮至紅蘿蔔快熟時，加入馬鈴薯塊繼續煮，煮至馬鈴薯快熟，鍋中的水只剩下約 1/4 杯時，加入泡過的香米和水 3 杯，用大火煮滾。
5. 待煮滾後先轉中火繼續燜煮，煮至水份快收乾時轉為小火，再繼續燜煮約 10 ～ 15 分鐘即可。

Tips　香米不能泡太久，不然會碎掉，大約泡上 3 ～ 5 分鐘即可。

STORY

這是我住在科威特時，從鄰居太太的印度廚師那裡學到的，當我第一次嚐到這道飯時，有種好熟悉的味道，好像曾經在台灣做過的咖哩飯，不過這道加入各式香料與番紅花的薑黃雞肉飯，充滿了濃濃的中東風情，成為了現在家裡常吃的家常料理。

倒扣茄子飯
Upside Down Eggplant Rice

材　料
米 3 杯、台灣茄子 5 條、紅蘿蔔 1 條、白花椰菜 1/2 顆、
洋蔥 2 個、牛肉 600 克、松子少許、棗子少許、橄欖油少許、水 3 杯

調味料　鹽適量、胡椒適量、美極調味醬（Maggi Seasoning Sauce）1 大匙

◇◇

作　法

1. 香米洗淨瀝乾水份；牛肉切小塊。
2. 將茄子 1 條切 5 段，每一段再切對半但是不要切斷；紅蘿蔔去皮，用刀刻成花瓣狀，再切片；白花椰菜洗淨切片；洋蔥去皮切小丁。
3. 起一平底鍋，以中火用橄欖油先將茄子白色那一面煎至微焦，將茄子翻面後繼續煎至油逼出即可拿起，將茄子白色那面朝下，放在紙巾上吸掉多餘的油。
4. 繼續煎紅蘿蔔片，煎至兩面微焦後拿起，吸掉多餘油份，最後將白花椰片放入炒香後取出待用。
5. 鍋中再加入少許橄欖油，放入洋蔥丁炒香，再放入牛肉塊同炒，加入鹽和胡椒調味，再加入 Maggi Seasoning sauce，之後加水剛好蓋過牛肉塊，煮滾後轉小火，繼續煮至肉軟，湯汁只剩下 1/4 杯時關火。
6. 將電鍋內鍋中，最下層中間排入紅蘿蔔片，外圍排上白花椰菜，最外圈排上茄子片，茄子要重疊排列，之後放上 1/2 泡軟的米，再放上牛肉塊和洋蔥丁，之後重複一層一層的鋪，最後一層要鋪上蔬菜，之後用手壓平。
7. 最後連同作法 5 肉汁，總共要加 3 杯半的水，電鍋外鍋則加 1 杯水。待煮熟後不要馬上掀蓋，繼續燜約 15 分鐘後將電源插頭拔除，待變溫後再取出內鍋倒扣到盤子上。
8. 食用前撒上松子和棗子裝飾即可。

Tips

❶ 如果不加牛肉，就是一道營養健康的素食料理。

❷ 食用時可以佐酸奶酪和小黃瓜丁，酸奶酪材料作法見 P.19。

阿拉伯比薩
Minced Meat Pizza

麵糰材料
麵粉 3 杯、快速發酵粉 3 小匙、沙拉油 1/3 杯、鹽少許、
糖 1/2 大匙、溫水少許

麵糰作法

1 取一盆，放入所有麵糰材料拌勻，之後蓋上一條溼熱毛巾讓麵糰發酵，視室溫約發酵 1 ～ 3 小時。

2 或者可以將烤箱預熱 100℃，待烤箱熱了就將溫度關掉，打開烤箱門約 10 秒鐘後，將麵糰放入烤箱中發酵。（適合冬天）

◇◇

內餡材料　洋蔥 1 個、絞肉 300g、優格適量

內餡調味料　肉豆蔻 1/4 小匙、鹽少許、胡椒少許

◇◇

作　法

1 洋蔥去皮切小丁；烤箱預熱 350℃。

2 用橄欖油將洋蔥炒香，再放入絞肉炒至水份收乾，加入鹽和胡椒調味，關火後再加入少許優格拌勻。

3 取出發酵好麵糰，用手揉勻後讓麵糰再發酵一次，之後將二次發酵好的麵糰揉成直徑約 8 公分的長條，再切成 1 公分厚的麵皮。

4 用手將每一片切好的麵皮從中間往外圍推，推至剩下約 1 公分距離為止，再將作法 2 炒好的絞肉餡挖一湯匙放在麵皮中間鋪平。

5 麵皮底下沾一點油，之後放在烤盤上，再將包好餡料的麵皮放入烤箱，以 250℃烤約 15 ～ 20 分鐘至外皮酥脆為止。

Tips　在中東地區，吃這道 Pizza 時，會配上小黃瓜片和加了鹽和蒜末的酸奶酪一起吃。

燉牛肉蔬菜佐庫司庫司 Beef & Mixed Vegetable Tagine
烤肉腸 Kofte
烤羊肩排 Shoulder of Lamb
中東式秋葵燉羊肉 Lamb Stew with Okra
洋蔥燉羊肉 Boneless Lamb with Onion
烤肉餅 Kibbeh in Oven
雞絞肉包花椰菜 Minced Chicken & Cauliflower Wrap
摩洛哥式肉丸子 Moroccan Meatballs
摩洛哥式橄欖雞佐檸檬 Pickled Lemon Chicken
杏浦棗子燉雞塊 Chicken with Prunes & Apricots
洋蔥雞 Chicken with Sumac
埃及式煮魚佐綠色香草飯 Egyptian Barbecued Fish
巴勒斯坦式炸魚 Palestine Style Fried Fish
白芝麻醬魚 Fish with Sesame Sauce & Nuts
巴基斯坦咖哩蝦 Shaheny's Curry - Pakistani Style
科威特式蝦仁 Mitka's Curry - Kuwaiti Style

第四章

主　菜

（牛、羊、雞 & 海鮮）

Main Course

（Beef, Lamb, Chicken & Seafood）

燉牛肉蔬菜佐庫司庫司
Beef & Mixed Vegetable Tagine

材　料
牛腱 500 克、洋蔥 2 個、青椒 2 個、番茄 6 個、紅蘿蔔 2 條、
白蘿蔔 1/2 條、大頭菜 1/4 個、南瓜 1/4 個、櫛瓜 2 條、高麗菜 1/4 個、
香菜 1 把、庫司庫司 1/2 杯（1 人份）、橄欖油少許

調味料
番紅花 3 ～ 6 條、黃薑粉 1/2 小匙、薑粉 1/2 小匙、奧勒岡諾奶油 2 大匙、
橄欖油 2 大匙、鹽少許、胡椒少許

醬汁調味料　白醋少許、蒜末少許、辣椒醬少許

作　法

1 洋蔥去皮切小丁；青椒切細丁；番茄切小丁；紅白蘿蔔去皮切長條；南瓜和櫛瓜洗淨不去皮切長條；大頭菜切長條；高麗菜洗淨切長片；香菜切碎。

2 牛腱切薄片，放入平底鍋煎至上色。

3 製作淋醬：取一些紅蘿蔔長條，再切成小薄片，加上白醋、蒜末和辣椒醬拌勻成醬汁，醬汁要蓋過紅蘿蔔。

4 煮庫司庫司：庫司庫司加點鹽，第一次要加水到庫司庫司溼透，等膨脹後用水抓鬆，之後再灑水，第三次灑完水剛好有點溼，加蓋放入微波爐中微波至燙，如果是用康寧鍋就需要煮約 15 ～ 20 分鐘。如果還煮不夠透再加水入微波爐加熱至熟。沒有微波爐就直接加滾開水，要剛好蓋過庫司庫司就好，然後蓋上蓋子燜一下下，如不夠軟再加一些滾開水，加蓋再燜至軟 Q 就好。

5 用橄欖油炒香洋蔥，加入奧勒岡諾奶油、番紅花和黃薑粉同炒，之後加入青椒丁和番茄丁，再加入鹽和胡椒調味，再加入煎過的牛腱片煮至略為軟爛。

6 加入紅蘿蔔條、1/2 量的香菜和白蘿蔔條同煮，加些水煮至滾後轉中火繼續煮至紅、白蘿蔔熟為止。

7 最後加入櫛瓜再煮約 5 分鐘，最後加入高麗菜，煮至高麗菜軟後加入 1/2 量的香菜即可。

8 食用前將紅蘿蔔醬汁淋在庫司庫司上即可。

Tips
❶ 可以用羊肉或是雞肉取代牛腱肉，或是完全不放肉，變成燉蔬菜料理。
❷ 奧勒岡諾奶油材料和作法見 P.17。

烤肉腸 Kofte

材　料
牛絞肉 500 克、巴西里 1/2 杯、
洋蔥丁 1/2 杯

調味料
鹽 1 又 1/2 小匙、
阿拉伯五香粉各 1/8 小匙

作　法

1 將所有材料和調味料拌勻，放入食物調理機中拌勻，取出後放在大碗中用手甩打，可以加些冷水繼續甩打至勻。

2 將甩打好的肉團分成比雞蛋略大的球狀數個，穿過烤肉用的竹籤或鐵籤，再整形成長條狀，長度約為中指長，之後放在烤盤中，放入預熱好的烤箱中烤（或用烤肉爐），用最高溫度烤炙到熟為止，一熟後要馬上拿出來，以免烤得過乾。

3 可以佐第三章的各式主食飯類食用，圖中是佐雞絞肉飯，材料與作法見 P.76。

Tips
❶ 也可以用雞絞肉或羊絞肉來做。
❷ 阿拉伯五香粉中含有肉桂粉、丁香粉、肉豆蔻、薑粉和黑白胡椒粉，各需要 1/8 小匙。

STORY

兒子小時候很喜歡吃肉，特別是香腸，Nurser 教我做這道料理後，兒子就愛上這道既有肉又有蔬菜的肉腸，剛好可以讓他趁機吃下平常不太愛吃的蔬菜。

烤羊肩排（4～5人份）
Shoulder of Lamb

材　料

羊肩排1公斤（一包有2塊，每塊有3～4支帶骨羊排）、洋蔥1個、蒜泥適量

調味料

番紅花少許、鹽少許、胡椒適量、薑黃粉1/4小匙、薑粉1/4小匙、迷迭香1/2小匙、橄欖油適量

作　法

1. 洋蔥去皮切末；大蒜磨成泥。
2. 將洋蔥末和蒜泥加上所有調味料拌勻，均勻塗抹在羊排上，用錫箔紙包覆起來後放入冰箱冷藏醃一夜。
3. 將羊排從冰箱取出，先放置室溫約30分鐘後，將包羊肩排錫箔紙打開，直接放入烤盤中，再將所有醃醬塗抹在羊排表面，再拿另一張錫箔紙蓋在羊排表面。
4. 烤箱預熱200℃。
5. 將烤盤放入烤箱中以200℃烤約1小時，先用筷子插入羊排，待肉軟後即可拿掉錫箔紙，將烤盤中的湯汁淋在羊排上，烤至表面微焦後將羊排取出。
6. 可以佐第三章的各式主食飯類食用，圖中是佐番紅花飯，材料與作法見P.67。

Tips　烤羊排時，若覺得烤盤湯汁太少，可以在羊排上淋上一些滾水；若是覺得湯汁太多，烤完後可以先用少許麵粉和水拌勻，待烤至高溫後再淋上羊排表面，或是將湯汁裝在容器裡後煮滾，沾烤好的羊排吃。

紐西蘭羊肩排

有一次我去拜訪婆婆，正好遇上婆婆家中廚師Zahhara在做這道料理，在科威特，羊肉不是用烤的，就是用香料與水來燉，通常我不太敢吃，因為我怕羊騷味，但是Zahhara做的完全沒有腥羶味，後來我學會了，這道傳統的摩洛哥菜就成為我經常分享給友人的宴客料理。

泰勒肉舖，台北市長安東路二段234號1樓。電話：02-2777-5337。

中東式秋葵燉羊肉
Lamb Stew with Okra

材 料

去骨羊肩肉 500 克、洋蔥 1 個、番茄 3 個、秋葵 600 克、香菜 2 大匙、橄欖油少許

調味料

蒜泥 2 大匙、乾檸檬 2 個（或乾檸檬葉 2 片）、番茄糊 1 大匙、鹽少許、胡椒適量

醃羊肉材料

優格 3 大匙、大蒜 3 瓣、檸檬汁 1 大匙、肉豆蔻粉 1/4 小匙、肉桂粉 1/4 小匙、丁香粉 1/4 小匙、黑胡椒 1/4 小匙、香菜粉 1/4 小匙

作 法

1. 將羊肉切去肥肉部份，再切成塊狀；大蒜磨成泥。
2. 醃羊肉：將所有醃肉材料拌勻，放入羊肉塊拌勻，再放入塑膠袋中，放進冰箱冷藏醃至隔天。
3. 洋蔥去皮切丁；番茄切丁；秋葵去蒂，周圍一圈黑黑的黑線要用小刀輕輕削除。
4. 用少許橄欖油將洋蔥丁炒香，再放入醃好羊肉（不要沾覆太多醃料，醃料丟棄不用）炒至羊肉上色，加入鹽和胡椒，再加水蓋過肉塊，再加入乾檸檬（或檸檬葉）和番茄丁一起燉煮約 30 ～ 60 分鐘至羊肉軟爛。
5. 將肉撈起，鍋中留汁，放入秋葵煮約 15 分鐘，再加入蒜泥和之前撈起的羊肉塊再煮，可以視湯汁味道酌加番茄糊，最後加入香菜即可。

STORY

我和前夫 Yacoub AL-Ghoussein 去拜訪一對科威特籍的友人，正巧他們正在用餐，雖然我們已經吃過飯，因為他們的盛情，我還是與他們一起用餐，當時桌上吸引我的就是這道秋葵燉羊肉，於是我馬上請教要如何來做，還專心的寫滿了筆記，這道料理就成為我宴客時候的最佳菜單。

洋蔥燉羊肉
Boneless Lamb with Onion

材　料
去骨羊肩肉 500 克、洋蔥 6 個、香菜 3 大匙、橄欖油少許

醬汁材料
豆蔻粉 1/4 小匙、丁香粉少許、鹽少許、胡椒適量

醃羊肉材料
優格 3 大匙、大蒜 3 瓣（磨成泥）、檸檬汁 1 大匙、肉豆蔻粉 1/4 小匙、肉桂粉 1/4 小匙、丁香粉 1/4 小匙、黑胡椒 1/4 小匙、香菜粉 1/4 小匙

作　法

1. 將羊肉切去肥肉部份，再切成塊狀；大蒜磨成泥；洋蔥去皮切絲。
2. 醃羊肉：將所有醃肉材料拌勻，放入羊肉塊拌勻，再放入塑膠袋中，放進冰箱冷藏醃至隔天。
3. 起一鍋，放入醃好羊肉（不要沾覆太多醃料，醃料丟棄不用）煎至羊肉外層上色後撈出，倒出多餘羊肉油，再加入少許橄欖油將洋蔥絲炒香，炒至洋蔥絲呈現深褐色，再將羊肉塊放入，加入鹽、胡椒、豆蔻粉和丁香粉，以慢火燉煮約 2 小時至羊肉軟爛。
4. 起鍋前加入香菜即可。

STORY

中東人在宴客時，會將番紅花飯放在盤子的中間 ，周圍再圍上洋蔥燉羊肉，吃的時候淋上燉羊肉的肉汁一起吃 ，是一道美麗又好吃的主菜。

烤肉餅 Kibbeh in Oven

（模型：21cm x 21cm 四方形深烤盤）

材 料

雞絞肉 700 克、牛絞肉 200 克、蕎麥 1/2 杯、洋蔥（大）1 個、優格 3 大匙、橄欖油少許、松子少許

調味料

鹽少許、胡椒適量、肉豆蔻少許、丁香粉少許、肉桂粉少許

優格醬材料

優格 1 杯、小黃瓜 1 條、大蒜 2 瓣、乾薄荷捻碎 1 大匙、鹽適量

作 法

1 製作優格醬：小黃瓜切丁；大蒜切末；乾薄荷捻碎，再將所有材料拌勻即成優格醬。

2 洋蔥去皮切丁；蕎麥用水泡軟；將牛絞肉用乾鍋炒一下，去掉多餘血水。

3 用少許橄欖油炒香 1/4 份量的洋蔥丁，再加入略炒過的牛絞肉同炒，炒至牛絞肉收汁後加入鹽、胡椒、肉豆蔻、丁香粉、肉桂粉和松子拌炒一下即可關火。

4 用調理機將剩餘 3/4 份量的洋蔥丁打碎，再加入泡軟蕎麥攪拌，再放入雞絞肉、丁香粉、肉桂粉、鹽和胡椒打勻。

5 烤箱預熱 200℃。

6 烤盤抹上少許油，先將作法 4 攪拌勻的雞絞肉 1/2 份量鋪在烤盤內，用手壓平，之後再鋪上作法 3 炒好的牛絞肉，之後用手將 1/2 份量的雞絞肉壓成薄片，再一片片鋪在牛絞肉上，使呈現三明治狀，最後用塑膠刮刀隨個人創意在表面上畫出花樣，再用松子點綴。

7 放入烤箱以 200℃烤約 20 ～ 30 分鐘，食用時佐優格醬。

Tips 將絞肉鋪入烤盤中時，如果太黏手，可以事先在手上抹少許油。

雞絞肉包花椰菜（9 個）
Minced Chicken & Cauliflower Wrap

材　料

白花椰菜 9 朵、雞絞肉 450 克、洋蔥 1/4 個、巴西里 1 大匙、蛋 1 個、麵粉少許、大蒜 2 個、香菜適量

調味料

鹽適量、胡椒少許、檸檬汁少許

作　法

1. 白花椰菜一朵一朵仔細洗淨；洋蔥去皮切細丁；大蒜磨成泥。
2. 將雞絞肉加入洋蔥丁，再加入巴西里、鹽和胡椒拌勻，用手甩打至有黏性，再分成 9 份。
3. 將白花椰菜表面沾上一些麵粉，再用 1 份作法 2 雞絞肉將白花椰菜花朵部分包覆起來呈現肉丸子狀，再裹上一層蛋汁，最後沾上少許麵粉。
4. 起一平底鍋，用少許橄欖油將雞絞肉丸子煎至半熟後撈起。
5. 另起一深鍋，放入煎半熟的雞絞肉丸子，加水煮約 40～45 分鐘，最後加入鹽、檸檬汁、蒜泥和香菜，再滾一下即可。
6. 可以佐第三章的各式主食飯類食用，食用時候將湯汁淋在飯上，一口丸子一口飯，十分美味。

雞絞肉最好用雞柳肉，會比較軟嫩。

喜歡吃肉卻不想讓身體過多負擔的話，這道有菜有肉的料理是很好的選擇，略帶酸味的口感十分下飯。

摩洛哥式肉丸子 Moroccan Meatballs

材 料

雞絞肉 200 克、洋蔥 1/4 個（加入絞肉泥）、大蒜 3 瓣、番茄 8 個、洋蔥 1/2 個（與番茄同炒）、番茄糊適量、橄欖油少許

調味料

鹽少許、胡椒適量、孜然 1/4 小匙、乾薄荷 1 大匙、巴西里 2 大匙

作 法

1 洋蔥去皮切細丁；大蒜磨成泥；巴西里切碎；乾薄荷磨碎；番茄切細丁。

2 將雞絞肉加入調味料拌勻，再加入 1/4 個洋蔥丁和蒜泥拌勻，用手甩打至有黏性後，用手捏成肉丸子。

3 用橄欖油炒香 1/2 個洋蔥細丁，再加入番茄丁同炒，待番茄煮滾約 10～15 分鐘後加入作法 2 肉丸子同煮，煮約 30 分鐘至肉丸子軟爛。

4 最後視湯汁濃稠度可以酌加番茄糊，最後加入香菜和蒜泥，再煮滾即可。

5 可以佐第三章的各式主食飯類，或是義大利麵食用。

摩洛哥式橄欖雞佐醃檸檬
Pickled Lemon Chicken

材　料
雞 1 隻半、洋蔥 4 個、大蒜 1/2 個、巴西里 1/2 把、
醃檸檬 5 ～ 6 塊、黑橄欖 1/2 杯、綠橄欖 1/2 杯、橄欖油少許

調味料　薑黃粉 1/2 小匙、薑粉（或薑末）1/2 小匙

作　法

1 雞肉切成肉塊；洋蔥去皮切丁；大蒜磨成泥；巴西里切末。

2 黑橄欖和綠橄欖去籽，如果覺得太鹹，可以用熱水泡一下橄欖除去鹽味。

3 起一深鍋，放入雞塊炒至雞塊上色，再用橄欖油炒香洋蔥丁，加入蒜泥、巴西里、薑黃粉和薑粉（或薑末）繼續炒，視情況可加些水，之後燜煮約 30 ～ 40 分鐘，取出雞塊湯汁留用。

4 將醃檸檬切丁，放入作法 3 湯汁中煮約 10 ～ 15 分鐘，之後取出倒入調理機中打碎（仍有顆粒狀），再倒回鍋中。

5 鍋中的醃檸檬碎加入雞塊和兩種橄欖，繼續煮約 5 分鐘至入味即可。

Tips

❶ 醃檸檬材料與作法見 P.18。

❷ 醃橄欖材料與作法見 P.20，也可以買市面上現成的。

❸ 這道橄欖雞塊可以前一天做好，第二天再吃風味更佳。

這道料理又是我溜進廚房，看到 Zahhara 正在做的料理，當時我是先學會了這道菜，才又學會醃檸檬的作法。

杏浦棗子燉雞塊
Chicken with Prunes & Apricots

材 料
雞 1 隻、番紅花少許、麵粉適量

醃汁材料
酸豆（Kappers）1 瓶（含原汁）100 克左右、醋 1/4 杯、綠橄欖 1/2 瓶、杏浦 200 克、棗子 200 克、橄欖油 1/2 杯、鹽少許、胡椒適量、糖 1/2 小匙、大蒜 1/2 個、香菜少許

◇◇◇

作 法

1 大蒜磨成泥；香菜切碎。

2 雞肉切成肉塊，將蒜泥、香菜碎和醃料與雞塊拌勻，再放入塑膠袋中，放進冰箱冷藏醃一夜。

3 將醃好的雞塊取出，沾上麵粉，煎至褐色後先撈出，之後將醃料汁倒入煎雞塊的鍋內，再將雞塊倒回續煮，可視情況酌量加水，加入 1/4 量的棗子與杏浦同煮，燜煮至雞肉熟透。

4 起鍋前加入 3/4 量的棗子與杏浦再煮，最後加入番紅花煮滾至味道出來即可。

5 通常佐番紅花飯食用，番紅花飯材料與作法見 P.67。

王儲的太太王妃 Zubeilla 來南斯拉夫訪問，而且要一遊南斯拉夫，於是廚師 Zahhara 就準備她的拿手好菜，這是其中一道，很特別的一道菜，誰會想到可以用棗子與杏浦來煮雞肉呢？

洋蔥雞 Chicken with Sumac

材　料

去骨雞腿 2 隻、洋蔥 2 個、橄欖油 1/2 杯、蒜末（1/2 大蒜）

調味料

黃櫨（Sumac） 2 ～ 3 大匙（沒有可用檸檬汁 2 個代替）、
鹽少許、胡椒適量、肉豆寇粉少許、丁香粉少許、香菜適量

◇◇

作　法

1 雞腿肉再切對半共 4 大塊雞肉塊；洋蔥去皮切絲。

2 將全部材料拌勻，醃約 15 ～ 30 分鐘。

3 烤箱預熱 250℃。

4 將醃好的雞塊放入烤盤，蓋上錫箔紙，放入烤箱以 250℃烤約 30 分鐘，之後取出錫箔紙，再繼續烤至雞塊呈現褐色取出。

5 將烤盤中的雞湯汁留作淋醬，放入香菜末，淋在雞塊上，並撒上 Sumac 食用。

Tips　這道菜可以和口袋麵包一起吃，可以將雞肉撕下來，和洋蔥一起包入口袋麵包中，或佐飯類食用。

埃及式烤魚
Egyptian Barbecued Fish

材 料
白色去骨肉魚（或鮭魚）600 克、洋蔥 1/2 個、大蒜 1/2 個、
橄欖油 2 大匙、奧勒岡諾 1/4 小匙

調味料 鹽適量、胡椒適量、檸檬 1/2 個

檸檬汁醬材料
奶油 100 ～ 150 公克、奧勒岡諾奶油 1 小匙、檸檬汁 1/2 杯、鹽少許、
胡椒適量

作 法

1 將魚切成 2 口大的魚塊；檸檬擠汁；奧勒岡諾用手揉碎，大蒜磨成泥。
2 洋蔥去皮切塊，放入調理機內，再加入大蒜和少許鹽打成泥。
3 將作法 2 洋蔥泥和魚塊拌勻，再加入橄欖油、鹽、胡椒、檸檬汁和奧勒岡諾、蒜泥，放入冰箱冷藏醃 2 小時或醃至隔天。
4 製作檸檬汁醬：起一小鍋，加熱奶油和奧勒岡諾奶油，待呈現褐色後，加入檸檬汁（如果覺得太酸可以酌量加些水）、鹽和胡椒煮滾後即可。
5 烤箱預熱 250℃；再將作法 3 醃好的魚塊用竹籤或鐵籤串成一串串，放入烤箱以 250℃烤至魚肉熟透。
6 烤熟魚塊再放入檸檬汁醬中煮一下即可。
7 可以佐第三章的各式主食飯類食用，圖中是佐綠色香草飯，材料與作法見 P.69。

Tips 奧勒岡諾奶油材料和作法見 P.17。

Nurser 是蘇丹人，皮膚黝黑，眼睛炯炯有神，是公公在華盛頓 DC 時的廚師。我認識他的時候，他已經 50 歲了。他最討厭正在做飯的時候，先生和兩個弟弟一直跑進廚房去問東問西，有時候他會拿著菜刀追趕這些調皮的男生，將他們趕出廚房。後來公婆被調往南斯拉夫，他也一同前往，但是因為不習慣，之後他回到了家鄉蘇丹。除了這道魚料理和香草飯，我還和他學到了多道烤牛肉和沙拉等料理，現在他已經不在人世，讓我無限的懷念。

巴勒斯坦式炸魚
Palestine Style Fried Fish

材　料
白色肉魚 600 克、炸油適量、麵粉適量

醃魚材料
大蒜 3 瓣、鹽少許、胡椒適量、檸檬 1/2 個、孜然粉 1/4 小匙

芝麻沾醬材料
白芝麻醬 4 大匙、檸檬 2 個、巴西里 4 大匙、大蒜 2 瓣、
鹽適量、胡椒適量

作　法

1 將魚去皮去骨後切片；大蒜磨成泥；檸檬擠汁。
2 將醃魚材料與魚片拌勻，放入冰箱冷藏醃約 3 ～ 4 小時。
3 將醃好魚片均勻沾上麵粉，放入油鍋炸至呈現金黃色且熟透。
4 製作芝麻沾醬：檸檬擠汁；再將所有材料放入調理機中打勻即可。

Tips 還可以加去籽的番茄丁和魚佐芝麻醬一起吃。

每個星期五是阿拉伯人的安息日，所以都會有家族聚會，還會做魚類料理，這道炸魚是我在 Haya 姑姑家吃到的，和我之前吃過的都不同，於是向姑姑討教，學會了這道炸魚。

白芝麻醬魚
Fish with Sesame Sauce & Nuts

材料 A
石斑魚（或白色肉魚）900 克、核桃仁 1/2 杯、松子 1/2 杯

調味料　檸檬汁少許、鹽少許、胡椒少許

材料 B　洋蔥 2 個、大蒜 10 瓣、香菜 2 大匙、橄欖油 1/4 杯

材料 C
白芝麻醬 1 杯、檸檬汁 1/2 杯、水 2 杯、鹽 2 大匙、胡椒 1/2 小匙、辣椒粉 1/2 小匙、混合香料 1/2 小匙

作　法

1. 洋蔥去皮切絲；大蒜磨成泥；香菜切碎。
2. 核桃仁切小塊；用 2 大匙橄欖油將松子炒熟。
3. 石斑魚加上一點檸檬汁、鹽和胡椒抹勻，放入烤箱中烤熟，之後去皮去骨代用。
4. 將材料 C 放入調理機中打勻成泥狀。
5. 用橄欖油將洋蔥絲炒至透明狀，加入蒜泥和香菜炒勻，再加入作法 4 拌勻的材料 C，煮滾後再煮約 2 分鐘。
6. 將作法 5 淋在烤好的魚塊上，撒上核桃仁和松子即可。

Tips

❶ 混合香料中含有黑胡椒粉、薑粉、肉豆蔻粉、白桂皮、丁香、香菜子和芥末粉，可以買現成調好或自己調的。

❷ 在台灣若是買不到中東的芝麻醬，可以用日式白芝麻醬代替，但是不可以用台式芝麻醬，因為大部份台式的芝麻醬都經過特殊調味，味道不同。

巴基斯坦咖哩蝦
Shaheny's Curry - Pakistani Style

材　料　蝦仁 1 公斤、檸檬 1 個、香菜適量

咖哩醬材料
洋蔥（大）5 個、番茄 5 個、優格 400 克、大蒜 2 個、番茄糊 1 小罐、
拇指大薑塊 1 塊、橄欖油 3 大匙、香菜 1 把

咖哩醬調味料
辣椒粉 1 又 1/2 小匙、香菜粉 1 又 1/2 小匙、鹽 1 又 1/2 小匙、
薑黃粉 1/4 小匙、凱麗茴香粉 1 小匙、丁香 4 個（或丁香粉 1/4 小匙）

咖哩醬作法

1. 洋蔥去皮切絲；大蒜和薑分別磨成泥；番茄切小丁；丁香磨成粉。
2. 起一深鍋，用油炒香洋蔥絲，炒至呈現淺褐色時加入薑末繼續炒香，再加入蒜末炒至呈現蜂蜜顏色後轉中小火。
3. 此時加入番茄丁、優格和所有咖哩醬調味料煮至穠稠後關火，如果覺得湯汁太稀，可酌量加番茄糊。
4. 將煮好的作法 3 放入調理機中打勻即成巴基斯坦咖哩醬。

作　法

1. 蝦仁洗淨去腸泥，加入新鮮檸檬汁醃一下，再加入咖哩醬，煮滾後再繼續煮約 1 ～ 2 分鐘，起鍋前加入香菜即可。

Tips　如果咖哩醬是隔天之後才要吃，煮勻就可以，不用放入調理機中打勻。

STORY

中東人製作咖哩醬，除了煮魚蝦等海鮮之外，也可以用來煮雞等肉類，咖哩肉丸子是常見的菜色，不過咖哩醬煮肉類或是肉丸子時，要加點水一起煮以免過於濃稠。

肉丸子的材料除了絞肉之外，還需要加上鷹嘴豆、青辣椒、洋蔥丁、丁香粉和辣椒粉，將肉丸子材料甩打至黏後捏成肉丸子，再加入咖哩醬和少許水，用小火燉煮至肉丸子軟爛即可。

科威特式蝦仁
Mitka's Curry - Kuwaiti Style

材 料

蝦仁600克、洋蔥1個、番茄3個、大蒜1個、半個拇指大薑片1片、青辣椒適量、紅辣椒適量、香菜 2 大匙、橄欖油少許

調味料

檸檬 1/2 個、豆蔻粉少許、肉桂粉少許、百里香少許、香菜粉少許、番茄糊少許

◇◇

作 法

1. 洋蔥去皮切小丁；番茄切丁；大蒜磨成泥；薑切末；檸檬擠汁；兩種辣椒切碎；香菜切碎。
2. 蝦仁去腸泥，用鹽洗淨，紙巾吸乾水份，用檸檬汁醃約 30 分鐘。
3. 用橄欖油炒香洋蔥丁，待洋蔥丁炒至褐色時，依序加入蒜泥、薑末、辣椒碎和香菜炒勻。
4. 加入豆蔻粉、肉桂粉、百里香和香菜粉繼續炒香，再加入番茄丁和番茄糊煮至濃稠，之後放入醃好蝦仁煮滾後，加入香菜隨即關火。

Mitka San 是我在科威特時認識的一位日本人，她嫁給科威特人，有兩個兒子名叫 Tarek 和 Basil，我們兩家往來頻繁，小孩年紀相同，常常玩在一起。她是個很認真的人，這道菜餚就是她教我做的，我們還常常一同做菜，一同分享生活中的點滴。

薄荷茶 Mint Tea

土耳其咖啡 Turkish Coffee

棗子小點 Dates Stuffed with Nuts

泡黑棗乾與杏浦乾
Rosewater & Fruit Compote

炸薄餅 Atayif

牛奶糕 Mohalabeiya

千層派 Milk Bastella

橘子椰子蛋糕 Orange Coconut Cake

第五章

飲 料 & 甜 點

Drinks & Dessert

薄荷茶 Mint Tea

材　料

薄荷葉（新鮮薄荷或乾薄荷）、
浙江珠茶（Gunpowder Green Loose Leaf Tea ）

調味料

糖少許、蜂蜜適量（隨個人口味）

作　法

1. 剛買回來的薄荷葉，只挑葉子，洗淨後放在毛巾上吸乾水份，然後放在能透氣的盤子上，（如竹編盤子或籃子），放在窗子旁邊自然乾燥，然後裝罐。
2. 用一小鍋，將水燒開，放入薄荷葉煮滾，待香氣出來後，放入珠茶，再煮滾即可關火。
3. 可以直接飲用，或是加入糖和蜂蜜一起飲用。

STORY

浙江珠茶

剛煮好的熱薄荷茶，直接喝有種很清淡的天然香氣。吃飽後喝上一杯，可以幫助消化，不過我個人習慣不加珠茶，而是直接喝只有薄荷煮的薄荷茶。

土耳其咖啡 Turkish Coffee

材 料

土耳其咖啡粉 1 大匙、水 1/2 杯、糖 1/2 小匙、豆蔻粉 1/4 小匙（或豆蔻莢 1 個）

作 法

1 如果用豆蔻莢，用手將豆蔻莢壓一下取出粉末。

2 取一小鍋子，加入水煮滾，再放入土耳其咖啡粉、糖和豆蔻粉（或豆蔻莢）煮滾即可。

Tips 糖不要加太多，以免太甜就喝不出咖啡味，也可以完全不加。

STORY

土耳其咖啡粉，是混合一半法國中烘焙的咖啡豆，和義大利黑烘焙的咖啡豆，再加上豆蔻，一起打成細末的一種咖啡粉，風味獨特，咖啡煮好的時候，滿室生香，非常享受。

因為加入豆蔻，所以煮好的咖啡，會呈現一種特殊的香氣，對阿拉伯人而言，荳蔻莢是一種天然的口香糖，剛吃的時候會不習慣，因為覺得略帶苦味，但是最後卻會讓口齒留香。

棗子小點
Dates Stuffed with Nuts

材　料
棗子 20 個、杏仁 10 個、核桃仁 10 個

作　法

1 起一乾鍋，放入杏仁炒香。
2 棗子去籽，但是不要切開，將炒香的杏仁和核桃仁包入棗子內即可。
3 可以佐薄荷茶或是土耳其咖啡當點心食用。

STORY

以前住在沙漠裡的遊牧民族阿拉伯人，沒有蔬果可以食用，常用富含纖維與維生素的棗子當點心，幫助消化也補充維生素，十分健康。我喜歡自己動手做這些點心，這樣可以選擇新鮮的堅果，健康又安心。

泡黑棗乾與杏浦乾
Rosewater & Fruit Compote

材　料

黑棗乾 1 包（約 200 克）、杏浦乾 1 包（約 200 克）、杏仁豆 1/2 杯

調味料

檸檬皮（或橘子皮）1 個，或玫瑰水半茶匙

◇◇

作　法

1. 起一鍋，加入適量水和杏仁豆煮滾，繼續煮滾約 1 分鐘後關火，將杏仁豆泡在熱水中，之後將皮剝下。
2. 另起一鍋，放入黑棗乾、杏浦乾和剝皮後的杏仁豆，加入冷開水，水量約為蓋過鍋中材料再高一截手指高度。
3. 最後加入檸檬皮或橘子皮，泡約兩天可以食用。

STORY

這是中東民族齋月（Ramadan）必吃的甜食，可以促進腸胃蠕動。

炸薄餅（約 15 片）
Atayif

餅皮材料
低筋麵粉 3 杯、Semolina（粗粒小麥粉）3 大匙、沙拉油 2 大匙、溫牛奶 1 杯、溫水 1 又 3/4 杯、檸檬汁 1 大匙、糖 2 小匙、發酵粉 1 大匙、鹽少許

糖漿材料
糖 3 杯、水 1 又 1/2 杯、檸檬汁 1 大匙、阿拉伯口香糖數個（沒有加也可以）、玫瑰花水 1 大匙（或是橘皮 1 大匙）

內餡材料
莫札瑞拉起司 2 包（約 440 克）、鮮奶油 50 ～ 100 克、鹽少許、瑞可達起司 1 盒（約 200 克）、

其他材料　炸油適量

作　法

1 製作麵糊：取一盆，將所有材料加入拌勻，揉勻後蓋上毛巾使麵糊發酵，視室溫發酵 1 ～ 3 小時。起一不沾平底鍋，不需加油，用湯匙舀 1 大匙放入平底鍋，以小火慢慢煎，煎到麵糊表面出現很多小洞即可取出（只煎一面不需要翻面），放在盤子裡，蓋上毛巾待用。

2 製作糖漿：起一小鍋，將所有材料放入，煮至濃稠即可。（可以用湯匙取出一點放在盤子上傾斜，不會流動很快即可。）

3 製作內餡：起司切小丁，取一盆，將所有內餡材料加入拌勻即可，可以用鮮奶油的量來調整內餡濃稠度。

4 將內餡包入作法 1 煎好的麵餅中，像包餃子般包成半圓形狀，油炸至金黃酥脆即可。

5 趁熱淋上糖漿食用，隔夜的話，可以將炸好薄餅放入 200℃烤箱烤熱即可。

STORY

這道甜點是在回教齋月（Ramadan）時必吃的甜點，齋月時從日出到日落都不能進食，甚至連水也不能喝，味道濃郁又可口的炸薄餅是中東人不可或缺的齋月食物，可以補充身體需要的能量。

牛奶糕 Mohalabeiya

材　料

馬鈴薯粉 4 大匙、牛奶 6 杯、麥芽糖 1/2 杯、
阿拉伯口香糖 5 ～ 7 個（如果沒有可以不加）、
玫瑰水數滴（或是新鮮香草）

調味料

開心果少許、杏仁糖粉適量

作　法

1 阿拉伯口香糖打成粉末；開心果壓碎。

2 將所有材料拌勻，放入小鍋中煮，一邊煮一邊輕輕攪拌直到煮滾，再繼續攪拌煮至湯汁濃稠。

3 待涼後放入冰箱冷藏，食用前撒上開心果碎，也可以酌量加杏仁糖粉一起吃，別有風味。

STORY

這是一道老少咸宜的點心，尤其對牙口不好的老人與小孩來說，是十分美味營養的小點。我常常在夏天時候做這道點心，讓放學回家的孩子作為晚餐前的點心。

千層派 Milk Bastella

材 料
春捲皮 8 ～ 10 張、杏仁豆（或開心果）250 克、炸油適量

牛奶醬（Milk Custard）材料
牛奶 1500C.C.、糖 2 大匙、太白粉（或地瓜粉）4 大匙、
橘子花水 1 大匙（或橘皮 2 大匙）、奶油 50 克

糖漿材料
糖 1 杯、水少許、糖 3 大匙（糖絲用）

◇◇◇

作 法

1 起油鍋，將春捲皮放入油炸，每張炸好的春捲皮撈起後，都要墊上一層紙巾吸油（以防黏住），前一天先將春捲皮炸好放涼，第二天要吃之前再放入烤箱，以 150℃將春捲皮多餘油脂烤出。

2 煮奶油醬：起一小鍋，將所有材料用小火煮至呈現濃稠狀放涼待用。

3 煮糖漿：起一小鍋，將糖 1 杯和少許水煮成糖漿。

4 製作杏仁糖粉：取一烤盤，鋪上杏仁豆，放入烤箱烤香，再將作法 3 煮好糖漿淋在上面，待涼後取出放入塑膠袋中，用毛巾包好塑膠袋，用擀麵棍等器具將杏仁豆糖漿打成杏仁糖粒（粉）。

5 煮糖絲：將糖 3 大匙放入作法 3 小鍋中，再用小火繼續煮，要一直攪拌煮至濃稠，煮到春捲皮全都一層一層抹上奶油醬。

6 烤好的春捲皮每層都抹上作法 2 奶油醬，再撒上作法 4 杏仁糖粉與作法 5 糖絲，動作要很快，完成後要馬上吃。

Tips

❶ 也可以用有機胚芽麵皮，但是要用乾鍋煎至酥脆為止。

❷ 在摩洛哥，薄餅作法和春捲皮相同，只是他們會做得厚一點，然後將薄餅烤至酥脆，春捲皮如果不炸，可以用乾鍋煎或是抹一些油放入烤箱烤至酥脆。

橘子椰子蛋糕（24 cm 圓型烤盤 1 個）
Orange Coconut Cake

材 料
蛋 6 個、糖 1 又 2/3 杯、麵粉 3 杯、發粉 3 小匙、
橘子汁（過濾）1 杯、椰子粉 1 杯、油 3/4 杯、
檸檬皮（或橘子皮）1 大匙

裝飾糖衣材料 無鹽奶油 155 克、糖粉 200 克、檸檬汁 1 大匙

裝飾材料 杏仁片適量、橘子片 8 片、薄荷葉少許

作 法

1. 烤箱以 165℃～ 175℃預熱 10 分鐘。
2. 將麵粉和發粉混合過篩。
3. 取一盆，用電動打蛋器將蛋打散，加入糖繼續打發。
4. 過篩粉類分 3 次加入作法 3 打勻，之後依序加入油、橘子汁、椰子粉和檸檬皮，打至麵糊均勻。
5. 烤盤抹油，倒入作法 4 打勻的麵糊，放入烤箱以 165℃～ 175℃烤約 80 分鐘。
6. 製作裝飾糖衣：奶油放室溫軟化，再將軟化奶油以塑膠刮刀沿著同一方向刮攪，一邊攪一邊慢慢加入糖粉與檸檬汁，最後仔細拌勻即可。
7. 裝飾蛋糕：將糖衣均勻抹在放涼蛋糕表面，周圍均勻沾上事先烤香的杏仁片，最後再裝飾以橘子片和薄荷葉即可。

Tips

❶ 我習慣先將材料事先量好，分別裝在容器裡，先量乾的材料再量溼的材料，這樣之後要拌勻材料比較方便快速。

❷ 烤好的蛋糕也可以不加裝飾直接吃，如果要裝飾的話，要等到烤好蛋糕完全放涼才可以用糖衣裝飾，可以前一天做好蛋糕，第二天裝飾好上桌。

這是下午茶非常受歡迎的一道蛋糕，既美味又簡單好做，我幾乎每次都會吃上兩大塊才過癮。

後記

難忘的科威特歲月
國王與中國菜

機門打開的一剎那，嘩！一股熱浪排山倒海而來，穿透整個身體，感覺如同面對開了灶門的巨大火爐，體溫與不安同時升高。這是踏上這個充滿異國風味的 Kuwait（科威特）土地時的第一個印象。難以想像 1979 年的科威特，到處有士兵荷槍實彈，感覺如臨戰場，因為語言不通，所以語調聽起來很兇，好像在吵架，氣氛真的很恐怖！這是初次接觸一個完全不同文化與不同人種的世界，不過我卻有一種冒險與探險的興奮與好奇。

當年的 Kuwait（科威特），所有東西都仰賴進口，我當時覺得很奇怪，為何連衛生紙等基本民生用品都是進口的。因為這個國家就像是一位禿頭美女，除了生產石油，並無任何產物。她的地理位置是在阿拉伯半島東北部，是波斯灣西北岸的一個小小獨立回教國家，盛產石油，首都名為科威特。在那時，科威特就已有海水淡水化的工廠，產水量是世界之首，我們洗菜、洗澡的水還要經過一道手續，每戶家庭廚房用的水要裝過濾器，澆植物的水就直接從水廠提供，喝的水就要買瓶裝的礦泉水，在這裡，水比石油更值錢啊！

由於盛產石油，國家財政充裕，科威特是一個完全不徵收所得稅的國家。每一個公民可以享有從幼稚園到大學全程免費的教育、醫療服務，及取得土地，貸款蓋房子可分 20 ～ 30 年分期付款，沒有利息（因收取利息是違反回教教規），又可定期向政府領取米糧、糖、麵粉、pitabread（中東口袋麵包）等等福利措施，超乎台灣人所能想像。除了沙漠氣候之外，其他生活條件跟天堂相差無幾！

我當時身懷六甲，才四月初，室外氣溫接近 40℃，就像置身在土耳其浴裡。幸好那種乾熱的感覺不像台灣又溼又熱，皮膚黏膩難受，我還承受得了。也因為不習慣冷氣，每次先生前腳還未完全踏出，我已迫不及待把冷氣關了，等他一下班回來，一進門就會大叫，為什麼屋裡這麼熱，冷氣壞掉了嗎？不等答案，就馬上把冷氣打開，而且是開到 16℃，好冷！

每天被這種天氣弄的昏昏沉沉，孕婦吃東西又很挑嘴，當地的雞肉從巴西進口帶有腥味，從紐西蘭進口的牛肉和海產，味道都與台灣不太相同，更別提在台灣少吃到的羊肉。在這個回教國家，必須忘記豬肉這項食品，因為無處可買。當時懷孕的我特別想吃家鄉味的切仔麵，對孕婦來説，想吃卻吃不到是十分難受的，於是就得自己研究食物的味道，憑記憶設法做出來，不是我自誇，果真讓我做出超級美味的切仔麵。

桑那 Sana 的露天市場

Yemen（葉門）的首都 Sana（桑那）有一個露天市場（an old souk），是一個舊式的古老市集，不規則的街道兩旁挨著參差不齊的矮房子，牆壁用石塊砌成，窗戶都很小，屋裡光線不足，顯得陰暗。

在 1981 年左右，許多歐洲人都來桑那收購銀製的古董首飾，這些銀器都是古代猶太寶石匠與銀匠所精心設計打造，不出一年時光，所有的精品幾乎都被搜購一空。當時我也跟著搶購的風潮，混跡其中去尋寶。

有一天，我看上一條男用的銀製腰帶，十分炫麗別緻，正在猶豫不決時，就被一群貴夫人買走了，害我失之交臂，到現在還耿耿於懷。婆婆知道這件事，就派人去偏遠山區的城鎮尋寶，記得等了幾個月之久，幾乎要放棄希望之時，居然有好消息傳來，説下個禮拜有一個人會進城拿給我們看，令我們振奮不已。終於熬到了那個時刻，果然值得等待！好一條手工打造的銀製男腰帶，約有 8 公分寬，上面鑲有一些橘紅色的瑪瑙，十分醒目。那人還帶了一條女腰帶，手工更為精緻細膩，看得出來曾經鍍過黃金，可惜已經褪色。此外，他還帶來一把男用匕首，匕首的鞘身與握把的銀器雕工，堪稱鬼斧神工，讓我們都讚嘆不已。匕首的形狀是娥眉月形，我們見寶心喜，當然一股腦兒通通買了，銀貨兩訖之後，只見賣家喜不自勝，難掩笑容辭出。

期待幾個月的我們，更是如獲至寶一般地雀躍，終於如願收購到幾件可以傳家的古老銀器。當時收購的那些銀器、首飾，我到現在還時常拿出來把玩欣賞，每每想起當年的情況，恍如昨日。 那些銀器寶物以現代的眼光標準來衡量，手工還真是精細，雕琢鑲嵌的技術堪稱巧奪天工，配色與紋路的設計極富中東風味，令人愛不釋手。那時候的北葉門男人喜歡身著長袍，繫上一條有五顏六色刺繡的腰帶，再把匕首插在腹前腰帶上，顧盼自雄，頗有英明神武、自命不凡之姿。更絕的是外面再穿上西裝上衣，頭上則纏繞著用全羊毛織成的頭巾，腳下卻穿著阿拉伯式拖鞋。外人乍看之下會覺得有點不倫不類，等到看多看久了也習以為常，這樣的搭配有何不可呢！

中東檳榔 Khat

有一天司機帶我與幼兒出門兜風，看到一位交通警察正在執行任務，只看到他半邊臉頰鼓起一個圓球嚼動著，隨後吐出一小團深色的東西，不像是痰。

我問司機：「那個警察在吃什麼？」司機回答説：「他在嚼一種叫 khat 的葉子。」

那時候不知 Khat 是什麼，只看到許多人整天都在嚼著，有點像台灣人嚼檳榔的模樣。

後來才知道它是一種興奮劑，白天嚼食可以提神醒腦，但是到了晚上就會睡不著，必須喝下整瓶的威士忌來幫助睡眠，當然，我的好奇心使然，我是不會只看，也需要聞一聞、嚐一嚐，這一嚐發現味道是苦澀帶有一點點微甘。

人類始終都會找用各種不同的方法去麻醉自己，真不懂為甚麼有人會喜歡嚼這東西，我在想：有人喜歡喝酒，有人吸毒，也有人以暴飲暴食發洩或逃避。直到後來我才知道 Khat 是一種類似安非他命的毒品。

夫人們

婆婆她在外交團的夫人圈裡，是位有氣質、風度優美、超凡不俗的淑女，她精通英文、法文、義大利文和阿拉伯文。此外，插花、水墨畫、烹飪和室內裝潢也樣樣精通，名聞遐邇。

婆婆與義大利大使夫人及 Algerian（阿爾及利亞）大使夫人最為要好，常常會相互邀宴。義大利最常請客人吃的是烤肉，那時我所知的烤肉只有美國式的 Barbecue，而且平常美式烤肉只有肉類、沙拉跟馬鈴薯。但是在義大利大使官邸的烤肉卻有蝦、有魚、有肉，樣式繁多，還色香味俱全！

菜單中除了有 2 至 3 種沙拉，還有義大利麵，甜點更是琳瑯滿目！印象最深刻的是一種烤蝦與魚，味道特別鮮美，迄今難忘。我想它是先經過奧勒岡諾、橄欖油、蒜和檸檬汁醃製後再烤，所以才會散發出可口美味的芳香。

Algerian（阿爾及利亞）大使夫人（Madam Robbia ）的兩道菜也令我印象特別深刻，那是三角形炸蛋春捲與顛倒蘋果派，吃起來不甜不膩，極為舒爽味美，吃完齒頰留香，回味無窮！

那時快接近聖誕節，使節團舉行一個化妝舞會，Madam Robbia 要打扮成埃及艷后，她自己做要穿的衣服，但是頭飾需要幫忙，於是我就自告奮勇幫她做，我學的服裝設計終於能發揮一點點作用，而且她的服裝還得了個頭獎，令我留下難忘回憶。

受邀聚餐

有一次義大利大使館一等祕書 Franco 邀請公公、婆婆與我去他家用晚餐，沒想到他居然親自下廚，做了許多道地的南方義大利菜。當天他先上濃湯、沙拉，三種口味的通心粉與義大利麵。其中一道很像台灣式的炒麵，是將洋蔥、海瓜子與韭菜一起炒香後再與熟麵拌炒，熟悉的香味勾起我的濃濃鄉愁。另外兩道分別是蝦仁與奧勒岡諾炒麵，以及辣味番茄醬拌麵。當我瞭解了製作手續的繁複，吃起來更帶著感激之心。

當天我們以為只是簡單的晚餐，因為有感於男主人親自下廚的誠意，所以每道麵都細細品嚐，以為那是主菜，也都吃了 9 分飽。結果吃完麵，接著又上龍蝦、魚、小牛肉、烤羊排等真正的主菜！大家的眼睛瞪得比牛眼還大，驚訝之情表露無遺。公公大叫說：「Franco ！你還請了誰？這些東西是給誰吃的？」義大利大使還有夫人們大家都忍不住笑了起來。 Franco 很不好意思的回答說：「大使閣下（Your Excellency），這才是主菜。你們就是今晚的貴賓，沒有其他賓客了！」

公公驚訝的說：「什麼！我們都吃不下了！真是不好意思！你前面應該叫我們少吃點麵呀！」大家笑成一團，氣氛溫暖親切。當天的晚餐，後來還接著上起司、甜點、水果和飯後酒，一場正式國宴級的義大利大餐才告結束。我跟公公、婆婆，還有幾位賓客一樣，早就吃飽了，只能禮貌上看看，再誇獎食品的擺飾品味出眾等類的話語。美味當前，卻再怎樣也吃不下，十分可惜。尤其是義大利主人親自下廚的手工菜，想必味道一定十分道地。

還有一次我們被邀請去桑那一位富豪家用餐，一進大廳男士女士就被分開就坐，（中東有很多國家那時還保留這個習俗，除了巴勒斯坦與黎巴嫩比較開放。）右邊是男士區，左邊是女士區。女士的 Abaya 黑色外袍脫去後，就可開始展示隨身的珠寶與名牌服裝，真是體貼！

這是我第一次看見北葉門的婦女除去黑袍後，裡面所穿的衣服竟是那麼的性感！她們罩著一件透明的外衫，上面是胸罩，下身則是一件蕾絲做的長裙。奇怪的是，所有的服侍人員清一色都是年輕力壯男性，這又是令我難以理解的習俗。

那時候是 1981 年，葉門人吃飯時並不使用桌子，就用一張長條形印花塑膠布鋪在地上，中間放了一隻烤全羊，一邊放番茄沙拉，另一邊放撒有炸過的松子、杏仁片和葡萄乾的飯，或是與已炸過的細麵（Vermicelli）放在米裡一同煮的飯，但是沒有準備刀叉！大家都只能用三根手指頭，也就是姆指、食指、中指把飯菜拌勻，然後將飯菜堆在食指中指上，用拇指從後往前推進嘴裡享用。

剛開始我吃得很不順，因為米是 Basmatirice 印度米（一種有香味的長穀米），它不帶黏性，想把飯跟菜拌成一團，談何容易。所以結局是，撒在地上的食物比送進嘴裡的多很多！大家強忍著笑無奈地望著我，還邊吃邊笑，小孩們也偷偷地轉過頭在笑我。那一頓飯吃得很辛苦，但是很愉快！當時真後悔沒隨身帶雙筷子，看他們會不會用得比我順手，吃得比我順口？

學開車

我住在 Kuwait（科威特）第二年的日子，每天只是在家帶小孩，按照當地習俗，良家婦女都是帶小孩到室內商店區消磨時間，或晚上到唯一的一條很熱鬧、專門賣精品的 Salmiya 名店街閒逛，不然容易被騷擾。

因為只有勞工階級才會坐公車或在路上行走，而當時我又還不會開車，每次要買東西都必須等先生回來，我與小孩才可以到超市逛，所以一逮到先生剛好下班不累，願意載我出門這樣難得的機會，我都是用購物車一車一車的買東西，這已是 30 年前的事情。第一次購買紙尿片給小孩使用，對家庭主婦來說真是一項興奮的事情。記得我在高中時，大姊已是三個小孩的媽媽，她都用布做的尿布，冬天尿布不容易乾，家裡有一個火爐，火爐外面罩著竹籠子，我們把尿布披在籠子上烤，要不時的翻面，我那時的工作就是專門翻尿布。當時真感恩發明紙尿片的人，可以省掉天天洗尿布的功夫。記得那時家裡的洗衣機和烘乾機是德國製的，而非美國製；德國製的洗衣跟烘乾至少需要 2 個小時以上，費時又耗電。

有一天我跟先生說：「我受不了，我要考駕照，需要一部車子。」先生根本無法瞭解，但是拿我沒辦法，只好在駕車學校裡找一位教練來教我。第二天那位帶有濃重口音的巴勒斯坦籍教練用字正腔圓的阿拉伯文慢條斯理的跟我解釋，但我是鴨子聽雷，沒能完全聽懂。我問他能講英文嗎？他說可以，只是他口音太重，溝通還是有嚴重問題。於是我們就阿拉伯文、英文混合著講。剛開始用他們的車子，前排有 2 個方向盤，教練可以隨時接手，毫無安全顧慮。上了 4 堂課後，就開始開我自己的車，是一輛 Oldsmobil，像坦克車那麼龐大，看起來有點笨重，但是像老母雞一樣穩重也很有安全感。等我學開了 3 ～ 4 次後，有一次在開車途中，他忽然要我變換車道。我當時對使用後視鏡與兩邊的照後鏡不熟悉，距離抓不準，教練突然要我轉換車道，我當然要確定前後左右的距離都符合安全才可以，可是那時候不知教練哪一根神經不對路，忽然對我大叫：「我要妳換道，妳就應該馬上換道！」我生平最不喜歡別人對我大吼大叫，尤其在開車途中。我一氣之下就立刻把車子轉換車道，當然教練與後面的一群駕駛都被我突然的舉動嚇到，只聽到四處傳來的喇叭抗議聲：Mohammed（穆罕默德）也嚇一大跳說：「妳發瘋了！」我說：「你大叫什麼？你是教練應該心平氣和的講話，我必須確定安全才會轉換車道，不是你要我換，我就能馬上換道。我覺得你沒資格教我。」一回家我對先生大發牢騷，吵著要把教練換掉。

隔天換來新的教練，這位教練身材瘦高，屬慢條斯理型，看起來脾氣可能也是如此，說話慢吞吞的。他一來就帶我進入沒有紅綠燈的圓環，特別大的圓環裡面有好多圈，尤其在上下班時間，就像你想擠入一群狂奔的牛群裡，更難是還要再擠出來，而且誰也不讓誰，對我這個新手而言，當時是很可怕的！那位教練穩如泰山，一點也不緊張，我的神經不知死了幾條，但是現在我對圓環已能駕輕就熟。

1983 年第一次考駕照我沒通過，因為平行停車時我離邊線鑲邊石（Curb）太遠。那位考官非常龜毛的用尺量，標準是 1 又 1/2 英呎，但是我停的距離超過 2 英呎，他對我用帶有阿拉伯口音的英語說：「You park to far, came back next time。」真是過分。在第二次路考時順利通過，由於當時太興奮了，居然對考官熱情握手感謝他。那考官有點吃驚，因為那個時代的阿拉伯女人跟男人握手是有忌諱的，有一點像我們的封建時代男女授受不親。

當天一回到家就帶著 2 個小孩與保母開車外出兜風，結果開進一條死胡同。要命的是兩邊停滿車，人行道上又坐滿在喝阿拉伯咖啡與土耳其咖啡聊天的人。我跟自己說，也跟小孩說，要靜下來讓我專心處理這個困境。我必須倒車才能出去，但是兩邊車子的空間不到 5 公分，技術不夠高超，車子肯定傷痕累累，免不了要鬧進警察局。結果在真主「阿拉」的保護下，居然順利倒車出來，連自己跟小孩們都難以置信。講到警察局，我來到科威特後所學的第一句阿拉伯話是：wasta（關係）。在這個國家，異族人是沒有保障的，你必須要認識有權有勢的科威特人！而且你跟他的關係很重要，無論做什麼事都需要他的幫忙，也才行得通！

PS 順便提一下：有一個笑話，穆罕默德這個名字很普遍，你只要在街上大喊「Mohammend」至少會有 9 成的人回頭答「YES!」因為這是伊斯蘭教先知的名字，是傳達神旨的人。

國王贈送寶石

我第一次做中國菜給國王 Amir Jaber AL-Sabah 品嚐是在 1979 年年底，生完第一胎三個月後，婆婆帶她的貼身女佣來幫我，但是因習俗不一樣，又第一次帶個新生兒，我手忙腳亂。沒有麻油雞或是鱸魚湯可以坐月子，婆婆叫女佣做給我吃的雞湯裡面放了洋蔥、高麗菜，我一直覺得奇怪為什麼兒子哭個不停，過了數週，有一位也嫁給科威特人的新加坡女孩，她告訴我她媽媽來幫她做月子，叮囑她吃薑才能去風。我才明白原來罪魁禍首是那些白色蔬菜，因為我的無知，讓我的兒子受苦。

就在那時我正忙得日夜不分的公公回來見他的老闆（外交部長，現今的科威特國王 Amir Sabah, AL-Sabah），公公請我做幾道點心給國王與外交部長品嚐，雖然我覺得一切還未上軌道，但我還是答應了。還好 30 年前科威特就有一間專賣日本食品的超級市場 Marruzueec Supermarket ，賣日本的餛飩皮與春捲皮，我耐着身體疲累，還是做了 100 條雞絲春捲與 80 個雞絞肉炸餛飩，雖然國王與外交部長都説很好吃，但是我自己卻不滿意這第一次獻給國王的作品。

1981 年的春天，科威特國王（酋長 Amir）Jaber IV AL-Ahmad AL-Jaber AL-Sabah 到葉門訪問，所有科威特僑民都忙著準備接待國王的到訪。當時我懷著第二胎，大腹便便行動不便，只能悠閒地看著每一個人忙著張羅，特別是有才華的婆婆。她將家裡上上下下裝飾妥當，也把廚房每一個角落都安排得完美潔淨，她還特別去花園剪花和樹枝，弄和式與西式插花，又將咖啡桌精心擺設，所有銀相框、銀飾品都擦得閃爍發亮。趁著這過程我從她身上學到很多餐桌的擺飾、禮儀和整理家務的祕訣。

當我悠哉悠哉地在房間裡讀關於新生兒的書時，突然聽到公公大叫我的名字：「Shamse ！（Shamse 是我皈依回教的名字，意思是太陽） Where are you ？」只見公公表情很正經地説：「國王想吃妳做的中國菜！看妳有沒有進步。」這個突然的要求非同小可，我馬上為難的説：「什麼！為什麼這麼突然？我要上哪裡找中國食材？」公公接著説：「妳需要什麼，我都可以設法幫你找齊。我們可以從倫敦空運過來。」我茫然不知所措，只能説：「我會需要好多東西。餐會是哪一天？午餐還是晚餐？」「後天！」公公很輕鬆的透露。我當場回答：「這樣根本等不到空運來的食材！我們只能就地取材，做幾道點心吧！」公公只好勉為其難地接受不能招待正餐。

我馬上到廚房看看有何現成食材，結果有麵粉、義大利麵、米、高麗菜，還有一些看來營養不良，不但細短，而且味道不強的韭菜、紅蘿蔔、芹菜。樣式不多，我想可以湊合著用麵粉做牛肉韭菜煎餃子，也可以拿 Filo or Phyllo（薄皮可做多層甜點與點心）來做魷魚芹菜春捲，再用義大利麵做台式雞絲炒麵。因為不能用 XO 白蘭地酒來醃雞肉，所以我用蒜和當地 Maggi Sauce、糖，醃數小時讓雞肉入味，這應該是很特別的雞絲，還有醃黃瓜。這下子我心裡踏實多了，有這幾道點心充數，應該不至於讓指定要吃中國菜的國王失望吧！

接下來的時間，可以想像大家慌成一團的狼狽樣。我生平第一次自己擀 餃子皮，剛開始做得亂七八糟，毫無章法，連自己看了都不滿意。後來決定重做，先擀成一大張麵皮，再用個杯子一張張地扣下來，這才做成整齊一致的圓形餃子皮。結果國王吃得很滿意，當場犒賞婆婆與我各一只純金手環！

這是我第二次做點心給一位國王享用，雖然事前很緊張、又忙又累，但是心中隱約有一種很滿足跟驕傲的感覺。因為在準備的過程中，腦子裡不停的閃過一個念頭，如果到時候國王覺得不好吃怎麼辦？最後下定決心告訴自己，以自己的想像力，加上味覺、視覺、嗅覺的本能用心去製作，一定可以讓國王滿意的！事情的發展果然如此。

第三次作菜給國王吃是在 1986 年 5 月 5 日，恰好第三個小孩的滿月剛過。每當國王要求要吃我做的中菜，都剛好是我生產過後，好像生小孩與國王要吃中菜有連帶關係。這次我的經驗比較豐富了，所準備的菜單有：

（1）松鼠黃魚（因為在這裡沒有黃魚，於是我用鯉魚代替黃魚。）
（2）青椒牛肉絲
（3）茄汁蝦仁
（4）白蘿蔔泥醃雞腿
（5）羅漢齋
（6）蝦仁青豆仁蛋炒飯

作菜的前一天，宮裡派人來視察，看東西有多少，需要派多大的車子，婆婆說：「沒多少，有 6 道菜，每道菜是 25 個人的份量。」隔天，我一大早就起來忙，又得餵小孩母奶，還好我平常就熟能生巧，現在才能駕輕就熟，準時做完而且在 12 點準時送到皇宮。

隔天早上公公去朝見國王，國王 Amir Jaber 跟公公說：「昨天晚上我想再吃蝦仁炒飯，結果一口都沒剩，這是我吃的最好吃的中國菜，我有東西要賞你的夫人與媳婦。」我聽了公公的口述，心裡好感動，似乎被打了一劑信心的強心劑。公公拿出國王的獎賞，嘩！是一套紅寶石首飾和一套藍寶石首飾。婆婆要我先挑選，她說全都是我做的，要我先挑，尊重起見，我還是請婆婆先挑。不管我得到甚麼我都會很感恩，因為我學習到的是無價的，當然有形的獎賞更能讓人滿足，那套藍寶石我偶爾只拿戒指來戴，其它就收起來當傳家之寶！

我心裡常常會想：國王 Amir Jaber 的兒子會用專機，從英國倫敦在 Knightsbridge 的一家中餐廳 Mr.Chao（餐廳最有名的菜叫乾燒牛肉）買中餐，用保溫盒拿回去給父親，非常有孝心，既然國王那麼喜歡中菜，為何不請個中菜廚師呢？

阿拉伯菜的餐桌講義

作　者　林幸香
攝　影　蕭維剛

發 行 人　程安琪
總 策 劃　程顯灝
總 編 輯　呂增娣
主　編　徐詩淵
編　輯　吳雅芳、簡語謙
美術主編　劉錦堂
美術編輯　吳靖玟、劉庭安
行銷總監　呂增慧
資深行銷　吳孟蓉
行銷企劃　羅詠馨

發 行 部　侯莉莉
財 務 部　許麗娟、陳美齡
印　務　許丁財
出 版 者　橘子文化事業有限公司

總 代 理　三友圖書有限公司
地　址　106 台北市安和路 2 段 213 號 4 樓
電　話　(02) 2377-4155
傳　真　(02) 2377-4355
E-mail　service@sanyau.com.tw
郵政劃撥　05844889 三友圖書有限公司

總 經 銷　大和書報圖書股份有限公司
地　址　新北市新莊區五工五路 2 號
電　話　(02) 8990-2588
傳　真　(02) 2299-7900

製　版　興旺彩色印刷製版有限公司
印　刷　鴻海科技印刷股份有限公司

初　版　2020 年 05 月
定　價　新臺幣 340 元
ISBN　978-986-364-163-6（平裝）

◎版權所有 · 翻印必究
書若有破損缺頁 請寄回本社更換

國家圖書館出版品預行編目 (CIP) 資料

阿拉伯菜的餐桌講義 / 林幸香作 . -- 初版 . --
臺北市：橘子文化 , 2020.05
面；　公分
ISBN 978-986-364-163-6（平裝）

1. 食譜
427.1　　109005268